指挥与通信系统

主 编 黄 莹

西安电子科技大学出版社

内 容 简 介

　　本书是武警工程大学新"三项工程"学科理论丛书之一,力求客观地反映外军作战指挥与通信的相关情况。本书以外军指挥与通信系统的建设和应用发展为背景,从全球视角和实战需要出发,在作战思想、体系建设、通信网络、武器装备和先进技术等方面较全面地展现了现代信息化作战中的指挥通信,可为推进我军指挥与通信系统建设和应用提供有益参考。

　　本书既可作为普通高等院校通信工程、电子信息、军事通信学等相关课程的教材和参考书,也可作为军事任职教育及相关专业的培训教材。

图书在版编目(CIP)数据

指挥与通信系统 / 黄莹主编. —西安:西安电子科技大学出版社,2022.5
ISBN 978 - 7 - 5606 - 6416 - 3

Ⅰ. ①指… Ⅱ. ①黄… Ⅲ. ①指挥系统－高等学校－教材 ②军事通信－通信系统－高等学校－教材 Ⅳ. ①E141.1 ②E96

中国版本图书馆 CIP 数据核字(2022)第 049533 号

策　　　划　刘玉芳
责任编辑　雷鸿俊
出版发行　西安电子科技大学出版社(西安市太白南路2号)
电　　话　(029)88202421　88201467　　　　邮　　编　710071
网　　址　www.xduph.com　　　　　　　电子邮箱　xdupfxb001@163.com
经　　销　新华书店
印刷单位　陕西天意印务有限责任公司
版　　次　2022年5月第1版　2022年5月第1次印刷
开　　本　787毫米×1092毫米　1/16　印张 9.5
字　　数　149千字
印　　数　1～2000册
定　　价　29.00元
ISBN　　978-7-5606-6416-3 / E

XDUP 6718001-1
如有印装问题可调换

前　言

"明者防祸于未萌，智者图患于将来。"了解国外军队最新军事变革、信息化战争准备等发展动态，既有利于发现和解决部队发展中的短板，又有利于学习和借鉴经验以驱动创新；既是培养学员适战素质的需要，也是构建科学的战争观的要求。

"知之愈明，则行之愈笃。"本书通过研究国外军队作战指挥通信的最新发展，从军事战略思想、战略规划和指挥控制体系、战场网络的构建和新技术新装备的应用等方面，系统地展现了外军通信网络、通信装备和作战指挥的发展脉络及特性。

全书分为五部分，共13章。第一部分主要介绍现代主流的作战理论与思想，包括网络中心战和网电空间战；第二部分介绍指挥控制体系，包括美军通信指控战略规划、全球信息栅格和战术数据链；第三部分介绍战场通信网络，包括军事卫星通信系统、地面无线通信网络和全球卫星导航系统；第四部分介绍以无人机系统和单兵 C^4ISR 为主角的新型作战力量；第五部分重点介绍大数据、云计算和物联网的军事应用。

在编写本书的过程中，编者所在学校和学院都给予了大力支持和帮助，在此表示衷心的感谢。由于编者水平有限，书中难免有不足之处，恳请读者批评指正。

编　者

2021 年 12 月

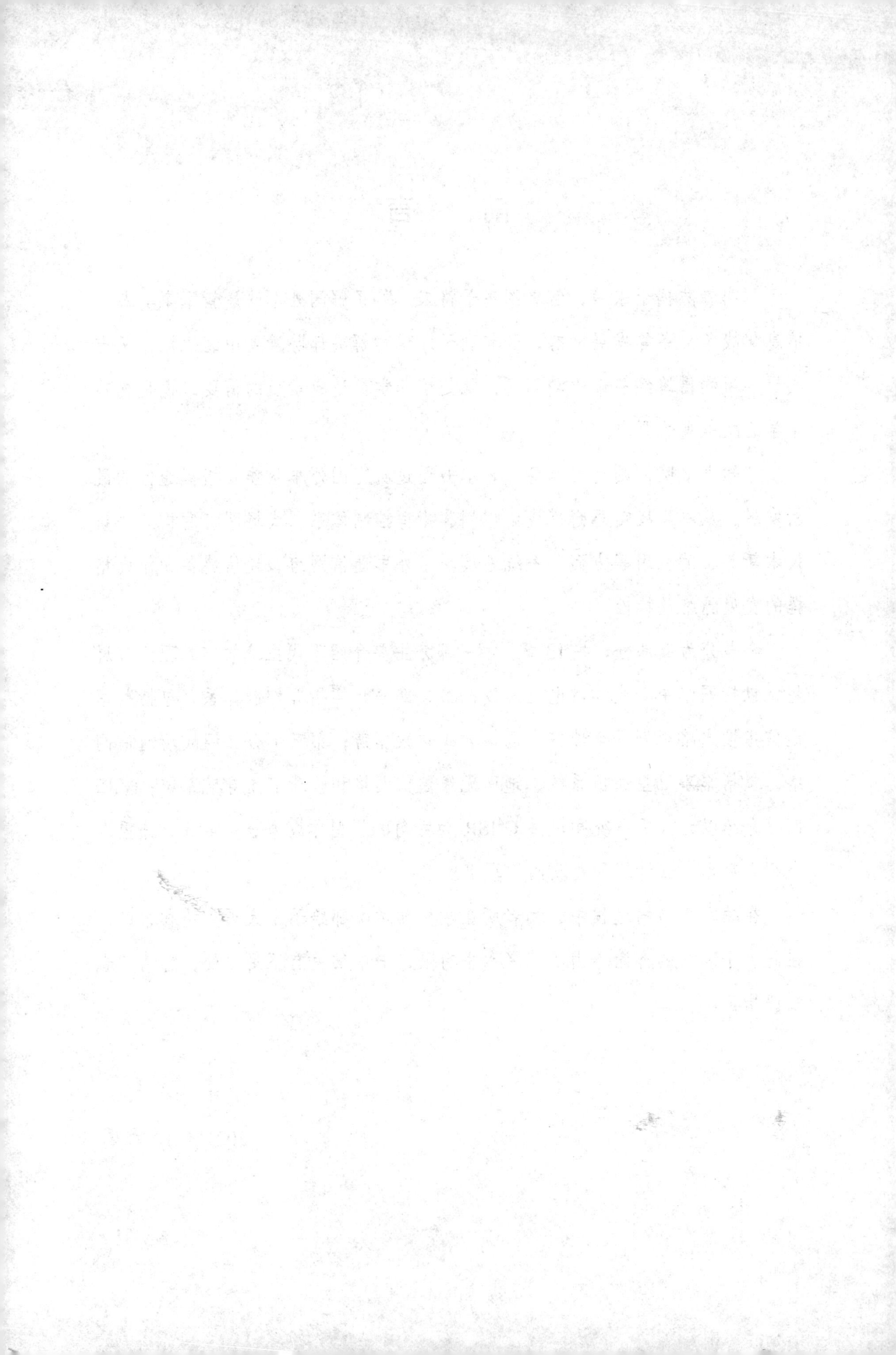

目　录

第一部分　作战理论与思想

第二部分　指挥控制体系

第三部分　战场通信网络

第四部分 新型作战力量

第五部分 应用技术支撑

第一部分　作战理论与思想

　　军事战略主要是指国家筹划和指导战争全局的大政方针，也可泛指对全局性、高层次的重要军事问题的规划和举措。军事战略必须符合国家战略、国防战略等更高层面规划的要求，因此，学习军事战略思想，对于把握国家的军事方针、军队发展的趋势和建设重点有极其重要的引导作用。

第1章 网络中心战

1.1 概 述

网络中心战(Network Centric Warfare，NCW)也被称为网络中心行动(Network Centric Operations，NCO)，是美国海军提出的一种化信息优势为战争优势的新军事指导原则。

网络中心战理论认为：① 部队是由信息充足、系统独立的作战单元组成的；② 通过可靠网络能够把战场上分离的作战单元连接起来；③ 可将全面、正确、及时的战场信息传递给各作战单元；④ 作战单元依托战场信息可发展出新的组织及战斗方法；⑤ 各作战单元协调一致，指挥更快，行动效率更高。

自 1997 年美国海军提出到 2002 年美国国防部将其列入国防政策报告，网络中心战理论既是信息技术在军事领域快速发展的结果，也充分体现了美国争夺军事制高点的迫切性。尽管网络中心战还处于摸索和调整阶段，甚至永远都不会成熟，但它已用信息的流动来向我们揭开了未来战争的面纱。网络中心战的提出是美军以技术优势取得作战优势思想发展的必然结果，推动了美军在军事文化、组织管理、作战指挥和装备建设等方面的全面转型。

1.2 网络中心战的实质

假若网络中心战是信息时代的战争形态，那么军队就要建成能够打网络中心战的军队，而对网络中心战的军事准备将全面影响部队的建设和作战形式。

如果结合战场实际，那么网络中心战的思想就是将我方部队所有的侦察系统、通信系统、指控系统和武器装备有机地连接起来，形成一个巨大的战场信息网络，各类作战人员通过网络传递指令、汇集态势、指挥决策，从而利用网络的扁平化特征实施作战。

从功能角度来看，整个战场网络可细分为侦察、控制和通信网络。侦察网络就是把所有的侦察监测传感器连接为一体的网络,控制网络主要连接各种智能武器装备系统,通信网络则是战场的神经中枢。通过将战场各作战单元网络化,便于战场信息的快速流动和使用。从技术的角度讲,网络中心战就是利用计算机网络,将各种探测、传感系统以及指挥和装备系统构成一个分布式系统,实现信息共享和装备的高效应用。

1.3 网络中心战的意义

1. 效能突出

网络中心战理论充分发挥了信息的力量,可极大地提升部队的整体作战效能:一是大——战斗力的内涵真正扩大到了战场火力和战场信息;二是准——精准控制战场部署,减少不必要的调整,既减少了时间,也减轻了勤务、运输和补给等工作量;三是多——同时指挥和控制多个不同作战单元,形成兵力动态配置,从而发挥更大效能。

2. 协同作战

网络中心战也提升了作战单元的战斗力:一是共享战场信息,全面掌握战场情况,能快速、准确地实施作战行动;二是充分了解指挥者战略意图和战术目标,便于自觉实施协同和配合其他作战单元;三是被赋予更多作战能力,能够在统一指挥下有效地完成独立作战。

3. 全局一体

网络中心战的核心是拥有抗损加固、性能可靠的信息网络,只有这样才能保障所有作战单元得到高质量的信息,并将各作战单元连为一体。考虑到军事发展历程,网络中心战的建设必须基于现有的各类作战平台,构建连接网络的网络,才能保证战场中的各作战单元被连为一体后,兵力武器有效地协调行动,也才能根据战场新情况实时调整指挥和决策。

1.4 网络中心战信息的基本特征

为了达到网络中心战的要求,从战场供需信息流动的角度讲,作战信息至少需要具备以下特征。

1. 实时性

战场形势往往瞬息万变，战场信息的采集和指挥决策信息的下达必须突出实时性。因此，战场网络必须具备高速数据传输能力，能够及时侦测各种机动目标的信息并快速更新。

2. 可靠性

数据传输需要面对战场上复杂的电磁环境和恶劣的地理条件，往往会严重影响信息的正常接收。而从被干扰的信号中正确辨识出原信息，是成功构建战场网络的关键。

3. 安全性

网络空间也是战场，为了不让敌方获取我方信息，数据传输必须采用加密等安全手段，以确保战场信息的安全传输。

4. 一致性

战场网络实际上是多个异构网络的综合，为保证信息在战场网络中传输的实时性，减少由于网络变换出现的信息时延和错误，需要在顶层设计时规定统一的信息格式。

5. 准确性

网络中信息传输的首要条件是数据的准确性，但考虑到战场采集的信息经常会出现相悖情况，需要指挥中心进行判断和决策，所以应该在作战信息实时传输的前提下，首要保证信息传输的准确可靠。

1.5　网络中心战理论的发展启示

网络中心战理论是社会发展、科技进步和战争认知共同作用的结果，具有鲜明的时代特征。

1.5.1　网络中心战的时代特点

"科学技术是第一生产力。"科学技术的进步推动了武器装备的发展，而武器装备的发展又引发了作战方式的变化，继而也就产生了新的作战理论。

1. 高速发展的信息技术是网络中心战形成的基础

20 世纪后半叶，全球进入了以信息技术为核心的第三次工业浪潮时期，而军事作为领先者，成为应用信息技术成果最快、最多的领域。这体现在：一是计算机、网络、卫星等技术的突飞猛进，使得通信技术取得了新的突破，为构建战场指挥通联系统奠定了基础。二是导航、制导与控制技术的发展，使精确武器迅速发展并在战争中大量使用。自第四次中东战争[①]后，精确制导的地基、空基和舰基导弹已成为现代战争的首选火力打击手段。三是通过传感器的计算机网络化，构成了集侦察、跟踪、决策、导引、打击和评估等为一体的指挥自动化系统，不仅提高了单一作战平台和武器系统的信息化水平，而且还促使指挥自动化系统越来越多地参与到战争的指挥决策中，正在逐渐成为战场的神经中枢。

信息技术在战争实践中的应用，对经典机械化作战理论产生了根本性的影响，诞生了一大批以网络中心战为代表的信息化作战新思想。

2. 战争形态的转变为网络中心战提供了实验平台

在以蒸汽机为代表的大工业时代，战争形态是与大工业基础相适应的机械化装甲大兵团作战，战争的规模大、纵深长，人员参与度高，国家消耗巨大，与之相对应的战争理论是消耗战、大纵深作战和机动作战等。

进入信息化时代后，战争形态特征变成了以信息作为战斗力的重要组成，依靠军队信息网络化来实施联合协同作战，以能够实施精准打击的精确制导弹药为主要打击手段。但是由于从工业时代向信息时代过渡的渐近性，因此这种转变不彻底，战争形态呈现出大机械小信息的状况。军队的信息能力、打击火力和机动能力也只能在局部战争中展现出结合的能力。例如，海湾战争[②]就是美军在机械化战争大局下进行的一场局部信息化战争，既有机械化战争的展示，又有信息化战争的呈现，使各国军队都感受到了战争形态的新变化。

总之，不同的战争形态必然有与之相适应的作战理论和作战思想，而海湾战争的实践，则为机械化战争向信息化战争转变提供了实验平台。

3. 新的作战理论和思想不断对网络中心战进行完善

从发展的角度看，战争形态发生变化的时期也正是作战思想和理论创新最为

---

① 第四次中东战争发生于 1973 年 10 月 6 日至 10 月 26 日，作战双方是埃及、叙利亚联军和以色列。广泛利用电子技术和使用各种战术导弹是这次战争的突出特点。战争中采用了大规模电子对抗，双方飞机损失的 60%、舰艇损失的 80% 和大部分被毁坦克均为各种精确制导导弹所击毁。

② 海湾战争是以美国为首的多国部队在联合国安理会授权下，于 1991 年 1 月 17 日至 2 月 28 日对伊拉克进行的局部战争，也是目前战争史上现代化程度最高、新式武器应用最多、军费投入最大的一场战争。在战争中，美军所展示的现代高科技条件下作战的新情况和新特点，给军事战略、战役战术和军队建设等带来了众多启示。

活跃的时期。因此,海湾战争后,美军的创新性作战理论层出不穷,下面介绍常见的几种。

(1) 联合作战理论:提出了指挥控制、精准打击、全线防御、后勤保障、全面优势等联合作战新思想,比较系统地描述了信息作战、机动作战、全纵深并行作战、非对称作战等理论。

(2) 全维作战理论:在遂行军事或非军事任务时,要以行动为中心,强调信息对掌控战场空间、制订计划和实施作战、参与敌我战斗的重要性。

(3) 近岸作战理论:在打败近海防御之敌,控制海岸外数百公里的海域以及陆上纵深数百公里的战场空间之后,首批部署部队及后续梯队才安全地进入。

(4) 空天一体作战理论:实际上是一种陆、海、空、天、电一体化作战理论,主要是战区支援下的各军兵种在作战行动中联合制订作战计划及联合实施空间作战。

综上所述,美军所提出的这些作战新理论或新思想,从不同的角度和方位对信息化战争进行了探索。但由于战场信息才是能够最直观地反映信息化战争的因素,因此,以战场信息为核心的网络中心战理论被广泛接受。

1.5.2　网络中心战理论的实施

从网络中心战理论的实施来看,它适用于战略、战役和战术等不同层面的所有军事行动。

1. 网络中心战的建设

以网络为中心来思考和处理作战问题,通过所有作战要素网络化,形成传感器、指挥控制和作战网络,缩短作战单元侦察、决策和行动周期,提高作战效能,以取得战场上的全面优势。

2. 网络中心战的架构

以作战信息的获取、传递、处理、利用等流动方向为标准,网络中心战系统应由战场感知、导航定位、信息传输、指挥决策、数字地理、战场仿真等分系统构成。

3. 网络中心战的重点

网络中心战的重点如下:

(1) 作战的中心是网络;

(2) 信息就是战斗力;

(3) 网络化作战单元具备自主作战能力；

(4) 灵活的作战指挥方式。

4. 顶层设计是实施关键

以计算机和网络技术为代表的现代信息系统，已成为当代科技发展的主导领域。在军事上，现代信息系统进入作战体系后，便颠覆了传统作战体系的面貌，信息系统这个包含着极高技术含量的新载体，使作战出现了明显的体系化特征。

体系对抗的本质是依托信息系统增强各子系统间的互联、互通、互操作能力，确保各作战要素都能充分发挥最大效能，产生"整体大于部分之和"的效果。电磁空间是作战体系的基础支撑、连接融合的纽带、资源优化的手段、自我调节的杠杆及效能发挥的倍增器。

只有充分利用马克思主义哲学指引进行体系建设，才能抓住我军信息化建设进程中的关键点，才能保证我军作战思想与现代化建设的统一。

本 章 小 结

通过对外军发展网络中心战的学习，必须明确研究网络中心战理论对于部队的下一步发展具有非常重要的指导意义。结合部队的特点快速形成特色的发展模式，既突出了重点又整体考虑，既节约了资金又加强了重点建设，对于部队战斗力的快速合成提供了一条快捷的途径。但是，由于需要充分考虑部队的实际要求和约束因素，因此，这种指导意见又具备极强的普遍性，必须系统地研究相关理论才能解决部队的实际问题。

课 后 思 考

作业：结合部队的实际情况，分析实现网络中心战的必要性和可行性。

要求：能够积极查找资料并独立思考问题，必要时可以采取问题式的班组讨论。

第2章　网电空间战

2.1　概　　述

1. 概念和来源

赛博空间[①](Cyberspace)是由计算机网络构建起的虚拟现实世界在哲学中的映射，名称来源于控制论(Cybernetics)和空间(Space)两个词的组合。赛博空间出现最初泛指网络空间，但自进入 21 世纪以来，随着计算机网络、移动通信、人工智能等技术的高速发展，人们对网络电磁空间的认识越来越深入，现在是指由互联网以及接入互联网的所有智能电子设备构成的网络电磁空间。

网电空间给人类社会发展、国与国之间博弈增加了陆、海、空、天、电的第五空间，迅速成为全球争夺战略利益和军事博弈的新舞台。网电空间战出自《网电空间战》[②]这本书，书中描述并总结了近年来发生在网电空间的冲突事件，分析了可能发生的网电空间的战争，以战略的眼光思考了在网电空间作战的相关问题。关于这本书的争论和学术探讨已经远远超越了书中所描述的内容，但书中对网电空间战全面深入系统的描述、分析和预测，清楚地反映了网电空间战的内涵、作用、领域、范围、形式、力量、进攻、防御、影响与危害等，有关网电空间战的基本分析对现代战争的指挥决策极具指导意义。

2. 网电空间的含义

所谓网电空间，即网络电磁空间。多年的研究表明，网络电磁空间绝非思维中虚拟的世界，它应该是由网络、设备和人构成的一个巨大系统，是可以真正进行博弈对抗的领域。因此，其范畴已远远超出了网络技术领域发展的本身。

---

① 赛博空间是由居住在加拿大的科幻小说作家威廉·吉布森在 1982 年发表于 *Omni* 杂志的短篇小说《融化的铬合金》(Burning Chrome)中首次创造出来的，并在后来的小说《神经漫游者》中被普及。《神经漫游者》描述了一个"连接世界上所有人、计算机和各种信息资源的全球计算机虚拟空间"。

② 《网电空间战》(Cyber War: The Next Threat To National Security And What To Do About It)，理查德·A. 克拉克，罗伯特·K. 科奈克著，刘晓雪等译，国防工业出版社出版，2012 年。

如果赋予网电空间更多的军事色彩，那么：首先，它是一个连接很多网络系统的网络，由一些独立的信息技术基础设施网络构成，包括因特网、电信网、传感器、武器平台、计算机系统等；其次，它是一个全球范围内，具有时域、空域、频域和能域特征的广阔领域；最后，它是人发挥着关键控制作用的虚拟现实环境。

通过构建网电空间，战争的各要素与各作战系统被有机地集成为一体，从而形成范围涵盖全球的联合作战体系。网电空间战的作战目标是破坏和控制敌方的信息基础和战略命脉，摧毁和致瘫敌方的作战指挥控制系统。

2.2 网电空间战的非传统特点

网电空间战是在虚拟战场上进行的真实较量，随时随地开展攻防作战，既是配合陆、海、空、天进行全维作战的手段，也是可独立体系实施作战攻防的利器。

1. 作战模式

网电空间的特点，决定了其作战模式与传统作战大相径庭。

(1) 虚拟空间。传统作战无非是在陆、海、空、天进行攻防，但网电空间战是在虚拟的网电空间展开的。你面对的敌人可能是人，也可能是机器。攻防目标就是一个设备，攻防武器就是一段代码。因此，网电空间侧重于软杀伤，其主要目的是削弱和剥夺敌方在网电空间的战斗能力。

(2) 扁平战场。虚拟空间没有地理空间的限制，传统的战场环境失去了实际意义。世界上所有的国家、所有的人都可以参与到这个由人工构建的虚拟战场中。没有了前后方、没有了作战纵深，敌我混杂在一起，各国都可能面临黑客攻击、间谍窃密、恐怖分子破坏、作战对手行动等行为。

(3) 点面一体。在网电空间战中基本无法区分战略、战役和战术，既有以西门子数据采集与监控设备为打击目标的"震网"病毒攻击，也有以电视媒体、金融和交通系统为攻击目标的"蜂群"网络攻击，更有丑化政府网页和攻击首脑个人电子邮箱的黑客攻击。

(4) 军民融合。网电空间战的范畴广阔，为此各国都采用了军民一体式的发展战略，网电作战成员往往由军方、研究机构、军工企业、信息公司以及黑客组成，像我们熟知的波音、思科、微软，甚至民间的计算机天才都参与其中。

(5) 突出个体。网电空间战与参战人的技术密切相关，可能一个人就能对一个国家的国防、经济、社会安全造成严重破坏。因此，处于弱势方的某个技术天才也可能会左右网电空间战的战争结果。

2. 作战特点

网电空间战实质上是一种半现实半虚拟的作战样式，因此与传统意义的战争存在明显的差异。

(1) 兵马未动、网电先行。在实体战争进行陆、海、空、天物理伤害之前，网电战的一方就已经摧毁或破坏了另一方的关键信息基础设施，使得敌方政府机构运作混乱、通信信息网络崩溃、战争物资无法运达、作战指挥和调度瘫痪。

(2) 准备总在黎明前。摧毁或破坏关键信息基础设施，说着容易做起来困难。为了保证随时随地响应战争需求，在进行全面的网络军事攻击之前，敌人就已经渗透和潜伏在网络中，盗取密码或者操控数据。

(3) 像蜜蜂一样攻击。想渗透和潜伏在网络中，就需要不停地寻找对方的网络薄弱点。据美国报道，美国的网络每天被扫描数百万次，而美国政府的信息系统每 10 秒左右就会遭到 1 次攻击。

(4) 断其一指不如伤其十指。有攻就有防，相对于摧毁和破坏，小麻烦小问题更易实施。当网电战无法对敌方的信息基础设施进行破坏时，就会想尽办法增加麻烦、增添混乱，为战争赢得一丝胜机。

2.3　网电空间作战能力建设

正是因为网电空间的发展具有不确定性，作战能力与国家综合实力相关性弱，越是强国就越容易受到攻击，因此为了加强网电空间安全，美国在战略定位、人才培养、安全制度和作战训练等方面进行了探索，对于我国网电空间作战能力建设有较强的借鉴意义。

1. 战略定位

按照网电空间的使用和发展趋势、参与网电空间的技术力量分布、国家各类信息系统建设和连接等情况，美国将其网电空间的安全上升了到国家战略安全水平，提出若美国的网电空间遭到严重的攻击，美国将会对攻击者采用全方位的军事打击。这种战略定位充分表达了美国对其网电空间安全的重视。

2. 人才培养

自海湾战争后，尝到网电空间作战甜头的美军就开始培养自己的战斗队伍。一是在军事院校中，强化网电空间作战指挥方面的人才培养；二是在军地专业技术院校中，将培养网电空间战专业技术人才作为重点，保障了网电空间战的专业人才的更新和延续；三是从社会招募网电空间领域的人才，作为人才培养的重要补充和防止出现单一体系。

3. 安全管理

为保证网电空间安全，美国已经初步形成了网电空间安全管理方面的机制。一方面在顶层设计上，制定了信息系统安全计划、关键基础设施保护计划等，用以保障国家层面的网络信息安全。另一方面在具体执行中严守许可证制度、人员使用制度、访问权限制度等，实现了身份认证、权限划分和数据库审计等，有效地保护了信息的安全。

4. 作战训练

经过多年不断的整合，美军的各兵种都组建了自己的网电空间作战部队，全面提高了美军网电空间的作战能力。而且这些部队日常的作战训练和定期的攻防演练都以真实存在的案例为背景，既可以分析和研判网络安全方面可能存在的漏洞，又可以检验网电空间作战攻防战法的效果，同时也提高了部队应对突发攻击的响应能力。

2.4 我国网电空间安全的思考

美国在网电空间作战能力方面的高速发展，引起了世界军事强国的高度关注。俄罗斯、德国、法国、英国、韩国、印度和日本都组建了网电部队，我国也在2014年成立了国家网络安全和信息化小组，为我国国家网络安全提供了有力的支撑。

1. 我国网电空间面临的威胁

高速发展网络已经成为推动我国经济发展、社会进步、提高人民生活水平的重要方式，据 2021 年 8 月第 48 次《中国互联网络发展状况统计报告》显示：截至 2021 年 6 月，我国网民有约 10.11 亿，互联网普及率 71.6%；网上外卖用户 4.69 亿，在线办公用户 3.81 亿，在线医疗用户 2.39 亿，50 岁及以上网民占比为 28.0%，我国网民的人均每周上网时长为 26.9 个小时，已经形成了全球最为庞大、生机勃勃的数字社会。另外，我国绝大部分的金融、能源、交通、电力等关键业务网络都已实现信息网络化，所以维护我国网电空间安全任重道远！

1) 技术方面

一是随着 5G、物联网、云计算、大数据等信息技术的发展，淘宝、京东等线上应用带来了巨大的经济总量，但同时，广泛便捷的移动互联也带来了异常复杂的安全问题。二是信息技术与铁路、银行、电力等基础行业的深度融合，重要行业的系统数据和运行安全所面临的威胁，已经由单个的点变成了面，危害程度呈指数增加。三是在我国的信息关键基础设施中，国外企业(如微软、思科、甲骨文等)产品依然占有较大的比例，而"棱镜门"事件①也证明这些公司替美国搜集情报的事实。四是逐利性正在促使网络犯罪成为地下新兴产业，由于手段隐蔽、获利丰厚且不易追查，因此，结构严密、分工明确的网络犯罪组织正在威胁着我们每一个人。

2) 舆情方面

伴随着网络媒体的空前发展，其影响已潜移默化地渗透到我们生活的各个方面。任何事件都能迅速形成网上舆论，任何民众都拥有相对自由的表述权力。因此，网络已经成为意识形态斗争的主战场，然而我们当中的很多人对于国家安全的认识还停留在"默片时代"，对掩盖在"心灵鸡汤"下的反动政治思潮缺乏足够的认知，对于极具蛊惑力的西方式民主趋之若鹜，这其实就是给敌对势力在思想意识上留下了"后门"。

今天网络上的论战实质上就是一种网电空间的战斗，西方敌对势力正在妄图通过它来动摇中国，我们必须抱着"寸土必争"的决心，像领土领水领空一样打赢网络空间的文化之战。

2. 打赢网电空间的人民战争

网电空间战被公认是当前世界新军事变革的重要切入点，随着与之相关的计算机网络、移动通信等技术日新月异的发展，战争已经变成了国家间经济、社会、文化等多方位的较量。

1) 军民融合深度发展成为国家战略

首先，作为国民经济的重要组成部分，国防建设采取军民融合的发展道路，一方面是要满足新军事变革"军民一体、平战一体"的要求，另一方面也是发展国防，反过来推动国民经济发展的重大系统工程。

其次，网电空间战中特别适合军民融合一体式作战。作为打击目标，国家信息基础设施包含大量的民用基础设施，都被敌我双方纳入了战争的范畴。网电空

---

① 美国国家安全局和联邦调查局于 2007 年启动了代号为"棱镜"的秘密监控项目，直接进入美国网际网络公司的中心服务器里挖掘数据、收集情报，包括微软、雅虎、谷歌、苹果等在内的 9 家国际网络巨头皆参与其中。2013 年 6 月，前中情局职员爱德华·斯诺登将此事件曝光，称为"棱镜门"事件。这也证明美国的公司能够而且愿意为美国政府服务。

间战中采取的大量攻防手段不分军民，而且某些前沿技术或技术纵深方面，军方远远落后于非军方，联合作战则可以达到优势互补。

最后，从融合的角度看，军民融合没有定式。因此，无论是发展军民两用技术、采购先进成熟的民用产品，还是培养军民两用人才、购买地方服务，都需要坚持走中国特色军民融合式发展道路，坚持富国和强军相统一，坚持推进军民融合深度发展。

2) 人民战争的新时代内涵得到充分体现

恩格斯指出："一旦技术上的进步可以用于军事目的，它们便立刻强制地引起作战方式上的变革。"以科索沃战争为代表的空天精确打击、速战速决的非接触战法，使人民群众对战争胜负的影响大幅度削弱，经过抗日战争、解放战争总结形成的战法与现代战争新模式格格不入。

网电空间赋予了人民战争新的时代内涵，任意的信息基础设施都是网电空间战的目标，人民群众中的任意一员都是网电空间战的战士，网电空间随时随地都需要完成攻防任务。因此，在网电空间战中，以弱胜强的基石就是把敌人埋葬在汪洋的人民战争中，这就是人民战争的新时代内涵。

3. 实现网电空间的军民融合

1) 增强全民的战争敏感性

网电空间战不再呈现传统战争的外表，没有战争动员、没有风雨欲来的政治环境，更多的是秘而不宣，信息收集、情报刺探、网络宣传几乎天天都在上演。

前面介绍过网电空间战具有的非传统特点，尤其需要重视的是其目的掩盖性强，与网络呈共生关系，攻击无规律可言且后果无法评估，如果我们不能"居安思危"而仅是"安平乐业"，一旦战事爆发，必将导致网电空间战的全面失败。

2) 增强网电空间的顶层管理

任何战争都是一项复杂的系统工程，而将不同作战力量进行联合编成则是重中之重。如果没有统一的顶层设计和合理的指挥架构，则很难联合和协调不同力量。

美军已经建立了网电空间指挥机构来协调国内各方力量，并开始规划网电空间战，可见美军对网电空间的重视。我国也在 2013 年十八届三中全会后，建立了国家安全委员会，形成了我国网电空间的决策指挥机构，以此来统筹规划网电空间作战力量的管理，指导军队装备建设和联合作战训练，有效整合和利用军地资源与人力。

3) 增强军民融合制度建设

为了达到军民融合的高效有序和良性发展，美国制定了一系列的相关法律、法规和政策，构建了较为完备的军地联合机制。相比之下，我国在网电空间军民融合发展方面的研究还比较薄弱，很多理论性、结构性的问题还未解决，联合、通畅的军民融合的途径还未打通。

因此，我国亟待建设具有我国特色的网电空间军民融合法规体系，在装备采购、技术研发、合作培养、联合作战等方面进行有效指导和规范，确保网电空间的军民融合有法可依、有章可循、实施规范、执行顺畅。

本 章 小 结

阿尔文·托夫勒在《权力的转移》一书中说："世界已经离开了暴力与金钱控制的时代，而未来世界政治的魔方将控制在拥有强权人的手里，他们会使用手中掌握的网络控制权、信息发布权，利用英语这种强大的文化语言优势，达到暴力与金钱无法征服的目的。"以美国为首的西方反动势力利用互联网控制权，早就对我国开始了网络战，增强我国网络空间战的能力，已是刻不容缓的重大战略任务。因此，为了保证国家安全和人民的利益，我国有必要结合本国实际情况，吸纳美国网电空间备战的相关经验，加强自身网电空间战能力建设，打赢第五空间之战。

课 后 思 考

作业：分班讨论网电空间战与部队的关联，分析我们在这场无形的战争中能做什么。

要求：查找相关资料，弄懂什么是网电空间战，搞清楚网电空间战如何进行，了解它的风险，做好应对它的准备，同时思考控制它的办法，这是我们全社会每个普通公民特别是相关技术人员都应该能做到的。所谓"知彼知己，百战不殆"，推荐大家有空去看看《网电空间战》这本书。

一个毫不起眼的人，一个无足轻重的岗位，或许就是敌对方实施网电空间战这种新型战争的突破点。国家安全，人人有责，让我们共同采取措施，走进新战场，打赢网电空间战，让后代远离战争的灾难。

第二部分　指挥控制体系

"运筹帷幄之中，决胜千里之外。"自战争出现，指挥与控制就是战斗力形成的最重要的元素。指挥与控制既是军事力量的组成体系，又是形成决策和传输指令的信息结构。深入分析各国为适应信息化作战而改革指挥体制的思想、方法和经验教训，把握其建设的规律性，对于我们拓宽思路、创新方法有重要的参考价值。而研究外军指挥控制体系的发展和变化，就是要搞清"为什么做，怎么做"。

要真正做到"知己知彼"，就要在继承和发扬传统的同时，反思我们的问题。

第 3 章　美军通信指控战略规划

3.1　概　　述

随着科技的不断进步，武器装备系统有了长足的发展，同时也推动了指挥控制手段的变革。近几次的局部高技术战争表明，指挥通信体系不仅是信息化战争的神经中枢，更是夺取信息主导、战场控制和进行创新应用的最有力手段。

自机械化战争进化到信息化战争以来，发达国家军队正在逐步采取措施，加速构建自己的军队指挥控制信息化体系。然而军队信息化建设是一项涉及全局的开创性工作，持续时间长，耗资巨大，存在许多未知领域需要探索，因此需要实施统一的顶层设计。

所谓顶层设计，就是从全局的角度，综合分析执行作战任务对通信指控体系的要求，以及技术、成本等因素的限制，科学制定出满足任务需求的、易理解、易验证、可实施的体系结构，确保各系统间互联、互通、互操作。

(1) 利用顶层设计，保证用联系的而不是孤立的、整体的而不是局部的、发展的而不是静止的思想去分析问题；

(2) 利用顶层设计，保证从系统层面思考问题，纵向到底、横向到边，实现大系统的互联、互通、互操作；

(3) 利用顶层设计，保证用一体化思想统筹建设项目，既考虑已有信息系统资源，又分析未来系统建设，为综合集成奠定基础。

3.2　美军通信指控战略

为了适应新的战场形势的新的作战任务的需求，美军对现行的通信指控领域发展战略进行了调整，并从条令法规制定、网电作战转型、信息系统建设和新技术研发等方面，采取了一些行之有效的措施。

1. 加强顶层设计

由于体制和技术的原因，美国大量的通信指控系统是由不同的军种或业务部门负责建设的，体系结构、数据描述、开发环境五花八门，各系统相互独立，形成了大量"信息孤岛"。正是这些原因严重阻碍了美军在海湾战争中的协同作战。为此，美国国防部从 1996 年发布的 C^4ISR 体系结构框架到 2010 年发布的美国国防部体系结构框架(DoDAF)2.02 版，适用范围也从 C^4ISR 系统扩大到了整个国防部领域。

DoDAF 实际上就是各应用系统开发时所要遵循的一部规范性制度，它的作用类似于软件系统开发时的数据字典，对体系结构中的关键概念、定义术语、方法模型、原则流程、结构数据等内容进行了统一的解释，不仅便于进行系统的分析、设计、建设、运维以及对系统的理解和交流，也是打破"信息孤岛"的有力武器。

2. 规划作战网络

按照最初对网络的理解，美军的作战网络由多个松散的独立网络组成，但通过多年的发展和实践发现，这种作战网络服务能力和安全性差、互操作能力和协同能力差、网络防御能力差、运维经济性和执行效率性差，因此，美军正在进行一体化的全球作战网络建设。

建成后的一体化作战网络将具备真正的全球打击能力，采用了集中式管理、分布式实施的运维方法，并作为一个统一的系统进行设计、部署，通过这种架构把对网络的控制置于国防部的统一指挥下。

全球作战网络的建设将为美军提供保密的、以网络为中心的数据服务，并以此为基础构建未来的美军网络环境。

3. 统筹通信发展

虽然经过战争洗礼，卫星通信被证实在高技术局部战争中至关重要，但美军也清醒地认识到，目前的战略规划对卫星通信过于依赖，使战场通信手段发展严重失衡。况且卫星通信资源少、成本高、周期长、风险高、防护弱，从攻防角度上讲，卫星通信已经变成了美军的"阿喀琉斯之踵"[①]。为此，美军正在着手统筹发展其他多种替代通信方案，用以丰富战场通信手段，力求实现视距、超视距、

---

① "阿喀琉斯之踵"原指阿喀琉斯的脚后跟，因是其身体唯一没有浸泡到冥河水的地方，成为他唯一的弱点。阿喀琉斯后来在特洛伊战争中被毒箭射中脚踝而丧命。"阿喀琉斯之踵"现引申为致命的弱点或要害。

空中和太空的平衡发展。

(1) 视距和超视距通信方面。联合战术无线电系统(JTRS)和作战人员战术信息网(WIN-T)可提供传统电台无法企及的地面超视距通信能力。

(2) 空中通信方面。制定了通过高、中、低空空中平台研发提高网络扩展能力的规划，并正在建设机载通信网络以形成联合空中网络能力。

(3) 太空方面。终止了转型卫星通信系统(TSAT)计划，用以平衡其他类型通信的发展，但 TSAT 的很多先进思想却延续到后续的军用卫星上。

4. 利用商用补充

战争的胜负取决于国家的军事建设能力和战斗力，作为战略资源的军事通信是战斗力的直接体现。正是由于军事通信需求的快速增长以及多种通信方式的战略平衡，加剧了美军对通信资源的需求。在这样的背景下，美军扩大了对商用通信资源的利用，主要体现在以下三方面：

一是加大了采购商用通信系统的力度。为了提高驻伊美军车辆动中通能力，美军采购了 MobiLink 商用卫星通信系统，实现了车辆、地面部队和卫星的连接。为了弥补舰船军事卫星通信的不足，美军采购了商用卫星通信终端来提升海军舰船之间的互联互通能力。

二是利用商用卫星搭载军用设备以缓解军方通信困境。例如，美国发射的商用 IS14 卫星上就搭载有军方的空间互联网路由器。

三是扩充应用商用通信频段。商用 C 频段和 Ku 频段由于过多使用而严重受限，所以军方开始应用商用 X 频段和 Ka 频段，并将其作为军事卫星通信的重要补充。

5. 重视信息安全

1) 调整信息安全策略

为保证信息化战争的信息安全，美军信息安全策略正在进行以下"七种转变"：

(1) 从以网络抵御为主到以完成任务为主的作战目标的转变；

(2) 从以关键信息保护为主到重视信息整体安全的安全侧重点的转变；

(3) 从静态被动防护到动态主动出击的安全攻防手段的转变；

(4) 从依靠人和制度保护到系统全面保护的实施主体的转变；

(5) 从单纯的数字实体到多维特征综合的准入方式的转变；

(6) 从同一网络的同构数据到不同网络的异构数据的迁移环境的转变;

(7) 从系统安全后置到研发保护前置的系统设计思想的转变。

2) 加强软件安全和介质安全建设

目前,软件安全已成为美军信息安全工作的重要组成部分,并开始作为其标准化业务进行实施,主要采用了静态源代码分析、入侵测试、数据库安全、程序故障检测和实时分析技术等手段来保证软件的安全。

另外,数据传递介质的安全也是不可回避的问题,为此,美军开发并使用了具有防护能力的保密传递介质等。

6. 应用高新科技

高新科技处于当代科学技术的前沿,对国防科技和武器装备发展起着巨大的推动作用。

1) 云计算技术

云计算(Cloud Computing)实际上是一种基于网络的计算方式,它通过共享网络上的软硬件资源,把计算能力作为服务按照需要提供给申请者。

从技术角度上讲,云计算是网格计算、分布式计算、并行计算、效用计算和网络存储、虚拟化、负载均衡等计算机和网络技术融合发展的结果,其核心思想就是通过提高云的处理能力而减少用户的数据处理负担。

从军事角度上讲,云计算能够对实现网络中心战的大数据处理进行支撑,便于在作战期间快速应对海量的各类情报。可以毫不夸张地说,正是由于云计算的存在使得网络中心战成为可能。当然,作为一项新兴技术,军事应用中也需要面对大量的技术实现、管理模式、安全策略、数据限制等难题,美军的应用正在稳步推进中。

2) 虚拟现实技术

虚拟现实(Virtual Reality,VR)是指借助计算机及最新传感器技术创造的一种人机交互手段,由于其具备人类的听觉、视觉、触觉等感知功能,使操作者可以获得环境最真实的反馈,因此模拟的环境让人有身临其境的感觉。

基于此,美军多年前就开始使用 VR 技术进行军事训练。一方面是使用 VR 技术进行作战模拟,因为训练贴近实战,所以战术训练效果比较好。而且使用了虚拟模拟演练后,既避免了实战训练中的非战斗减员,同时也极大地降低了训练经费。另一方面，通过 VR 技术，可以培养指挥军官作战规划、态势预判、应急处置和决策创新等能力，极大地推动了美军的军事职业教育。另外，通过 VR 技术，也可以对武器装备系统进行设计、构建、评估、测试等，例如美军正在利用 VR 技术设计海军新一代的航母、GPS Ⅲ系统以及 NASA 的太空车等。

3) 量子通信技术

量子通信是指利用量子缠绕效应来进行信息传递的新型通信方式，与传统通信技术相比，量子通信的大容量和高速率能够完美满足现代高技术战争的信息流转需求，而且从技术原理上讲，量子通信不可破译。由于量子通信极可能会左右现代信息化战争的最终结果，因此美军认为优先使用量子通信将保证其战场军事优势。

虽然目前在量子通信领域中国已经领先于美国，但美国在量子通信技术方面一直在奋起直追。例如，美军已经研制出全新的对潜量子通信技术，实现了陆上指挥和潜艇之间的安全通信，虽然传输信息有限，但是打破了海水对通信的阻碍，显示了美军对应用量子通信的决心。

3.3　借鉴外军先进经验的思考

当今的通信、网络、计算机等信息技术发展突飞猛进，相关设备升级快、淘汰快、科技含量高，必须加快科技到装备的转化与应用，才能保证我军在通信指控装备上的重点发展。因此，需要在国家战略层面上统筹军事装备的信息化过程，"为战而建"，把通信指挥装备规划进国防建设总体布局中，构建具备我军特色的实用、快捷、高效的发展模式。

1. 要有继承地改革

思想是行动的先导，要打赢信息化战争，就必须改变传统的机械化作战理念，确立先进的信息化作战理念。但改革首先是一个自我完善、自我发展的过程，不能不顾自己的现实情况，丢掉自己的鲜明特色，一味照搬照套别人的经验。

2. 要有结合地应用

只有主动应用，才能发现问题，才能使外军的先进经验和成果真正为我所用，更好地发挥我军的特有优势。要善于把外军现代化建设的有益经验、先进成果与我军现代化建设实际主动结合起来，积极应用，主动地加以消化、吸收和创新。

3. 要有总结地转化

"学而不思则罔""积跬步以致千里，积小流以致江海"，不断地总结才能不断地推动发展。成果的理论化既有助于能力提升，同时也有助于成果的推广，思索归纳才会推陈出新，"我会用"是成果的表象，"都会用"才是理论的实质。

本 章 小 结

目前，我军现代化建设水平整体上落后于西方发达国家，虽先发者可占先机，而后发者也有自己的优势①。只要我们"继承地改、结合地用、总结地化"，完全能够避免外军发展所走过的弯路，不断改革创新，加快现代化建设的进程。

课 后 思 考

作业：思考借鉴外军先进经验和保持我军优良传统的辩证关系，部队在借鉴外军经验的这种大环境下能做的工作有哪些？

要求：结合部队的工作实际，谈谈借鉴外军建设经验的可能性和必要性以及应采取的措施。

---

① "后发优势"是指后发展国家可以从先发展国家处快速模仿到技术，而不用重走先发展国家走过的弯路。与之对应的就是"后发劣势"，它是指后发展国家由于可以轻易地模仿，经济快速发展，则会缺乏动力去做有利于长久发展的变革，结果也就丧失了进一步发展的机遇。

第4章　全球信息栅格

4.1　概　　述

自网络中心战理论提出以后，美军就一直致力于此方面的建设，并已取得了较大的进展。如果说美军实施的首席信息官制度是推进网络中心战的制度保障，那么全球信息栅格(Global Information Grid，GIG)就是其发展的技术支撑。

所谓全球信息栅格，实际上就是一个覆盖全球的地面光纤网络，通过这个网络，美军的网络中心战就可以将战场变成一个巨大的信息网格，并且可以在任何时间、全球的任何地点连接战争所需要的指挥、控制和情报系统，继而实现全面准确的指控协同。

作为美军保持全球军事优势的重要基础设施，GIG 同时也可以被视为网络规范和信息系统的顶层设计，其目标就是集合所有的武器装备、作战力量和指挥决策，最终达到"战争一体化网络"。

4.2　GIG 发展的必然性

与网络中心战思想的发展一样，GIG 是美军 C^4ISR 系统发展到一定阶段提出来的。C^4ISR 系统就是通过其指挥、控制、通信、情报、监视与侦察等分系统，将各种作战力量、各个战场及其子系统紧密地连为一体的指挥自动化系统。

自 20 世纪 50 年代开始，从 C^2 到 C^3I，再到 C^4ISR，美国逐渐建成了庞大的指挥自动化系统，为其打赢最近的几场局部战争提供了有力的保障，但战场实践发现 C^4ISR 也存在一些问题。

1. 系统生存能力有限

因 C^4ISR 在美军战略体系中的重要性，所以极易受到全方位的各种攻击。特别是系统中的一些重要环节，在精确打击、反卫星和网络"黑客"的破坏下生存能力较弱。在第二次海湾战争中，就出现过由于 GPS 系统被干扰而导弹指控混乱的情况。

2. 网络覆盖能力有限

一是因为 C⁴ISR 系统的军事性和保密性，限制了与民用网络或系统的互联，制约了其在全球范围的发展；二是因为军事任务实施的机动性、隐蔽性，以及战场环境的特殊性，系统不可能把触角延伸到全球的所有节点，也就无法实现全球范围的联网。

3. 信息处理能力有限

由于网电空间也存在攻防，因此战场上获取的信息不一定是真实的。这种真真假假的数据若不能去芜存菁，必然会对指控决策产生错误作用，而落入敌方的"信息陷阱"。这就必须依靠 C⁴ISR 系统对所有汇集的情报进行"信息融合①"，但目前系统还缺乏此类能力。

4. 系统兼容能力有限

由于美国各军兵种的 C⁴ISR 系统多是自我研发的"烟囱式结构"，技术数据体制不统一，互联互通能力差，且受武器系统的特性所限，使美军 C⁴ISR 系统之间相互沟通相当困难。

因此，为了解决 C⁴ISR 系统存在的问题，美军开始了 GIG 的建设。

4.3　GIG 分析

4.3.1　GIG 的体系架构

按照美军的构想，GIG 就是承载所有与战争相关系统的平台或基础，见图 4-1。通过 GIG 实现战场中不同位置、不同空间、不同类别系统间的互联、互通、互操作，达到在统一的时间，把准确的信息以标准的形式传送到需要的节点，同时消除敌方破坏的企图，将信息获取转化为科学决策和作战执行。

---

① 从军事角度讲，信息融合可以理解为对来自多源的信息和数据进行检测、关联、相关、估计和综合等多级多方面的处理，以得到精确的状态和类别判定以及进行快速完整的态势和威胁估计。

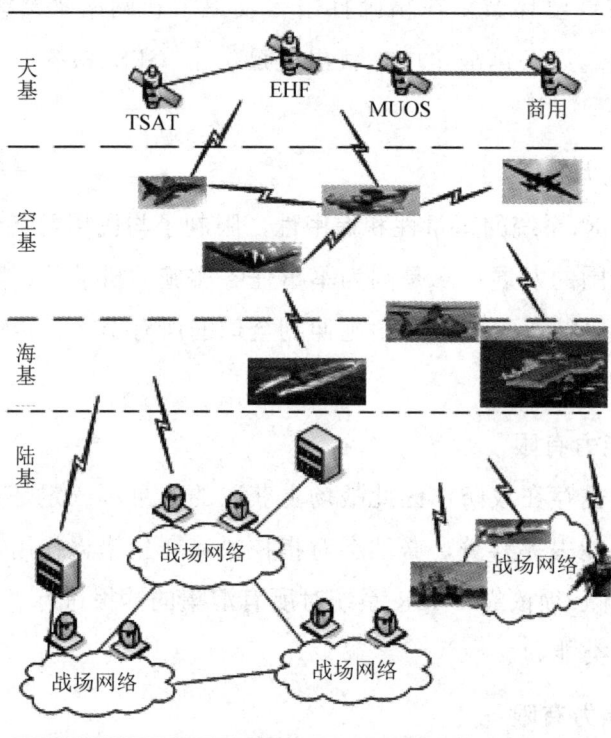

图 4-1　美军 GIG 的构想

从体系结构上看，C^4ISR 系统纵向呈树状结构，横向呈网状链接模式，整个体系既存在薄弱环节也不易系统扩展。因此，按照协同作战一体化的要求，GIG 采用了栅格化的网络结构，构建链接到全球任意一点或多点的信息传输能力。

在 GIG 框架下，分布在全球各个地区的计算机、传感器和作战单元组成了一个巨大的"时、空、频"统一的系统，这样才能保证战场上"在任意时间、任意地点将任意信息传递给任意人"。

4.3.2　GIG 的系统组成

从系统组成上看，GIG 分为基础层、通信层、计算层、应用层和人员层五层，如图 4-2 所示。

(1) 基础层包括结构、频谱、标准、管理等；

(2) 通信层包括光纤、卫星、无线通信、远程接入、移动用户等；

(3) 计算层包括网络服务、软件管理、数据库和电子邮件；

(4) 应用层包括指挥控制系统、日常事务处理系统、后勤保障系统等；

(5) 人员层包括陆、海、空、天、特种等部队。

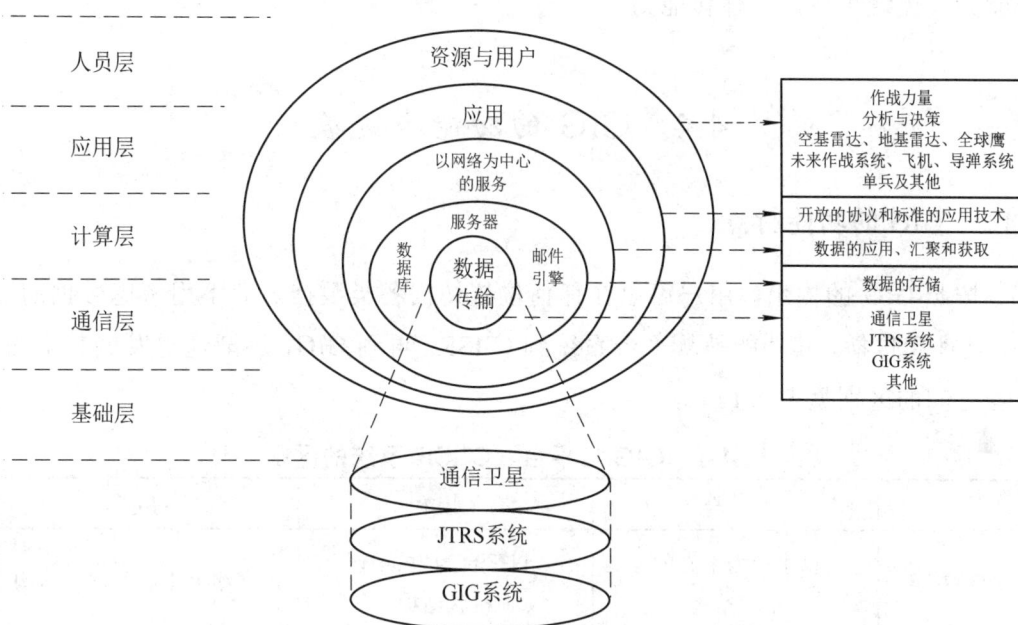

图 4-2 GIG 层结构

考虑到 GIG 的军事性和全球性，其构建应该主要依靠天基、移动和自组织网络，所以 GIG 核心应为通信卫星、下一代无线电、带宽扩展网络等。

4.3.3 GIG 的建设措施

美军的长远目标是通过 GIG 实现网络中心战，短期目标是实现基础性联合，以网络为中心，通过战场分布力量的兵力集结达到迅速决策。

按照 GIG 建设阶段，可将 GIG 的建设目标分为初级目标和最终目标。

(1) 初级目标：信息系统与武器系统的互联互通。

(2) 最终目标：通过网络中心方式达到信息优势。

为此，美军正在采取措施逐渐将其 C⁴ISR 基础构架转向 Net-Centric GIG 网络构架。

(1) 把现有的通信系统和作战网络以 GIG 技术标准进行改进；

(2) 制定规章对研发的系统要求与 GIG 兼容；

(3) 强化数据融合能力建设，形成一体化互通；

(4) 将武器、平台、单兵全部依照标准整合进全球信息栅格。

这些措施可以归纳为改进现有的、限制未来的、融合所有的和规划全部的。

另外，美军还采取利用光纤网络增加通信带宽等措施，提高网络的可靠程度、抗毁能力和无缝集成的一体化能力。

4.4　GIG 的功能与进展

4.4.1　GIG 的功能特点

按照 GIG 的构想，用户可以在任何位置访问各类数据，而不用考虑数据的收集、处理和传播，其功能是从平台系统到 C^4ISR，再到 GIG，逐渐递进发展起来的，三者之间的区别见表 4-1。

表 4-1　GIG 与平台、C^4ISR 系统的区别

	平　台	C^4ISR	GIG
结构类型	以平台为中心的星状结构	以平台为中心的树状结构	以网络为中心的网状结构
传输类型	电路级	系统内部为电路级，系统间为 IP	IP
带宽	带宽受限	系统内部较高，系统之间低	高并可按需动态调整
安全防护	操作安全	系统安全	整体安全
指挥模式	固定	固定为主，移动为辅	全面移动
信息播发	广播式	可指向	网络智能获取
作用范围	个体	系统内协同	系统间协同
决策形式	烟囱式	烟囱式结论汇总	一体化
数据处理	多次复制	多次复制加工	数据一次处理
数据类型	私有数据	私有、公有	共享数据
加密形式	一次加密	反复加密	连续加密
路由模式	固定路由	固定路由	分布路由
服务模式	分立式	分布式	企业式
互操作性	独立	部分互操作	全面互操作

在通信带宽和传输速率有了大幅度提高的基础上，GIG 便能够及时执行任务、指挥决策和进行态势评估。

4.4.2 GIG 的研发进展

在使 GIG 成为现实的过程中,美国一方面采取制度形式来规范其建设和发展,另一方面则确定和加大在 GIG 共性基础项目上的投入。

(1) 全球信息栅格-带宽扩展(GIG-BE):包括空间和地面带宽扩展,通过商用网络、扩展网络以及其他设施,为美国的全球军事设施提供额外的带宽和信息服务。因此,带宽扩展网络能够提供与互联网同样的数据传输速率。

(2) 转型通信卫星系统(TSAT):俗称"卫星互联网",由于在卫星间采用了激光通信,从而构成了大容量、高速率的骨干通信星链。通过该系统既能够向全球提供类似于因特网的卫星通信能力,又能根据具体情况增加区域战场带宽。

(3) 联合战术无线电系统(JTRS):实质上是一个通用软件定义的无线电族,运用后将消除烟囱式的无线电台系统,增强不同类型无线电台系统间的互操作和通信能力。JTRS 是美军数字化战场环境中通信的重要手段。

(4) 网络中心企业服务(NCES):包括一系列标准、规范、指南、体系结构、应用程序接口、环境定义等,是网络用户识别、访问、发送、存储、保护信息及构建各类军事电子信息系统的基础。

(5) 加密改装工程:为了保护网络和敏感信息,提供信息安全保障体系和加密支持,是一种基于"深层防御"思想的信息安保体系结构,包括设备加密、防火墙、入侵检测系统等。

综上所述,GIG-BE 提供了庞大的基础网,TSAT 把动态的、机动的作战单元与全球联网,JTRS 提供统一的、基于网络的移动数据和语音,NCES 为参战单元提供信息和数据,加密改装工程保护网络和信息。

4.5 对 GIG 发展的思考

1. 推动指控模式的升级

美军一旦开始应用全球信息栅格进行作战,其对战争的影响将是深远的,美军的指挥控制能力将得到很大提升,具体表现如下:

(1) 全面准确的态势感知。分布在全球各个角落的传感器系统,可以迅速发现来自多个方向、不同区域的各种类型威胁,通过 GIG 将所有信息汇总,并对这些威胁进行多视角的综合评估。在评估基础上共享态势感知，以便及时形成决策。

(2) 机动灵活的作战协同。在 GIG 中，根据作战区域、作战类型和作战力量，通过调整不同环节或节点的权限，可以构成可重叠的网状虚拟指控机构。在虚拟的指挥空间中，跨区域、跨军种的指挥人员可以共同制订作战计划、协调作战力量、下达作战命令，极大地提高了指挥效能。

(3) 实时高效的后勤补给。依靠 GIG，实现所有作战单元、战场补给和运输工具的状态实时可视，利用全战场作战保障的交互式反馈，一方面可将这些信息作为决策依据集成到战场态势图中，另一方面可以根据补给信息协调提供最合理的作战保障。

2. 提升军队信息化建设

GIG 的发展使我们对军队信息化建设的理解产生了质的飞跃，主要表现如下：

(1) 战略着眼全球。军队信息化建设的发展，必须着眼于覆盖全球的军事行动，不能受地形、区域、天气、时间等因素的制约，真正实现随时随地组网的需求。

(2) 数据形成共享。数据和数据的流动是信息化建设的核心，GIG 就是通过全维、立体、多频谱、多节点的栅格化信息交换来实现全球共享，大大拓展了军事信息系统的功能。

(3) 运行趋向智能。庞大的网络、纷繁的系统、海量的数据、迥异的任务，若没有可靠的智能技术支撑，系统管理、装备接入、数据处理、决策发布根本无法达到。

(4) 系统强调兼容。GIG 强调从传感器到武器的全过程信息兼容，实现任何能发送和接收数字信号的设备均能与 GIG 相联，从而提升整体战斗力水平。

(5) 整体保障安全。安全是任何系统的底线，GIG 采用纵深多层次安保体系，在网络、计算机和通信等设施的每一个环节都构建了防护能力，形成了整体安全。

3. 促进战争形态的变化

当 GIG 形成战斗力以后，战争的形态将会发生巨大的变化，具体表现如下：

(1) 一体化战场。通过高效利用海量战场信息资源，打破了部队体制编制上的限制，在战场中实现作战单元的整体联动，不仅实现了作战要素的深度融合，生成信息化作战能力，而且整个战场全方位优势互补，使战略、战役、战术层面的作战力量集成建立起一体化的联合作战体系。

(2) 非常规作战。信息化战争中，战场的感知、机动、打击、指挥、决策、保障能力得到极大提高，作战协同可以在多域并行展开。各作战单元不仅可以指控远程火力，对纵深目标实施非接触作战，也可以利用陆、海、空、天、电全维度力量实施非线式作战，更可以协同不同类型作战力量，在不同空间中实施非对称作战。

(3) 组合化力量。作战单元可以根据战争变化、战略决策和战场需要主动调整作战位置，可以通过网络实时调整与其他作战单元间的关系，以作战单元编组来实现各种作战力量的灵活组合。这种多类型作战单元的混编具备遂行多种类别作战任务的能力，而且也可形成具备完成特定任务的作战模块。

(4) 创新化结合。临近空间因其具有位置高、可全球覆盖的特点，在侦察、预警、通信、导航等军事应用方面具有独一无二的地位，已经成为高新技术与航空航天创新结合的新领域。军事地理信息、组合导航、数据链、量子通信等技术与卫星的结合正在加速这个领域的发展。

总之，全球信息栅格的发展将产生多重效应，并给世界新军事变革带来深远影响。

本 章 小 结

未来的战争必然是信息化、网络化的战争，战场信息瞬息万变，谁能及时掌握信息谁就能掌握战争的主动权，GIG 正是在实现网络中心战的基础上提出来的，它是赢得未来信息化战争的关键所在。

(1) 应进一步推进与我国相适应的信息网络化建设。可采取模块化与子网络的体系结构，将军事信息网络分为传感器栅格、交战栅格、信息平台栅格等，既能保持各模块的独立性，又能增强整个栅格的系统性。

(2) 应进一步突出军事信息网络化建设的重点。未来的信息化战争，将以宽带、大容量、数字化的网络传输能力为基础和前提，因此，提高信息网络化建设水平，必须加速推进末端建设和移动网络建设这两个重点。

(3) 应进一步提高军队建设一体化水平。未来作战是联合作战，指挥自动化系统的真正一体化还有较长的路要走，只有加快建设和发展适合自己国情的综合集成系统，才能真正实现情报侦察、预警探测、信息对抗的现代战争目标。

课 后 思 考

作业：思考 GIG 对部队信息化建设的启示。

要求：可以从作战需求、体系结构、信息安全、通信网络、通信基础设施建设等方面进行思考。

第 5 章 战 术 数 据 链

5.1 概 述

在 2011 年 5 月 1 日午夜击杀本·拉登的"海王星之矛[①]"行动中，美军采用了"白宫—作战前沿指挥部—特种部队"三层指挥方式，关系清晰、指挥简捷、动态实时。与之相对应的指挥控制体系实时传输图像信息，使美国白宫、阿富汗的前指和巴基斯坦的特种部队融为一体，实现了情报同时获取、指令同时下达、行动同时展开。这种指挥结构保障了美国白宫成为此次行动的主要环节。

在此次海王星行动中，从开始的情报收集到作战规划、从行动指挥到任务评估，实质上贯穿着一条信息流转的"链"，通过它将所有的作战要素紧密地"链"接起来，这就是大名鼎鼎的"战术数据链"。

由于此次行动与部队遂行任务的特点比较接近，我们将在后续章节中对其中的关键环节进行详细分析。

5.1.1 产生背景

通信技术的发展是人类社会从工业时代发展到信息时代的重要支撑，它不仅是整个人类社会的基本构成，也是 21 世纪技术革新最快的领域之一。战术数据链就是数据通信技术在军事方面的典型应用。

链路表示一套完整的通信设施，包括所使用的设备、信息、协议、信息标准等。考虑到战场通信的特殊性，为区别战略和战役，常把以无线方式传送作战数据的链路称为战术数据链。

1. 新军事理论是战术数据链产生的原因

在机械化时代，技术决定战术，有什么样的武器就打什么样的仗。然而，当

---

① 2011 年，美军海豹突击队执行了"海王星之矛"行动，突袭本·拉登藏身地，将其击毙。这是一次典型的信息主导、体系支撑下的特种兵作战战例。

战争转化为信息化形态时，原来的单向作用演化为战术引领技术、技术影响战术的双向作用，这也给军队建设提供了一种全新的思路。

机械化战争进入后期，信息化战争崭露头角，国际局势呈现出大稳定、小矛盾的特点，区域冲突变成了常态，因此，非常规、非传统、非对称的局部信息化战争理论适时而出。大规模、大纵深变成了"小、快、灵"，复杂的指挥层级变成了指令直达，如何兼顾日常的层级管理和战时的协同作战，这就是战术数据链产生的根源。

2. 作战协同是战术数据链产生的催化剂

首先，数据链最先提出是用于解决舰机协同问题，美海军包含舰艇、潜艇、海军航空兵、海军陆战队等多兵种，战场海域辽阔，组织结构复杂。而舰机都是独立的作战系统，只能依靠无线通信作为对外联系手段。因此，美海军提出在飞机与舰艇之间建立数据链接关系，以解决舰机协同问题。其次，因为作战单元机动速度越快，就越需要其他单元协同。由于移动作战单元需要协同的信息量比较大，仅靠人工处理则信息传递速度慢、实时性差，即便这些移动作战单元的战斗力非常强，也无法形成一个有效的战术整体，因此，移动速度比较快的作战系统(导弹等)加快了数据链的产生。最后，信息化战场中，作战系统对信息传输的实时性要求越来越高，对武器装备的互联互通提出了更高的要求，从构建链的角度也就推动了数据链的产生。

3. 技术发展是战术数据链产生的条件

一是数字电子技术发展迅猛，装备系统的数字化程度越来越高，设备的小型化、模块化、通用化为战术数据链的产生奠定了设备基础。二是在无线通信领域的关键技术上取得突破，使依靠无线信道实现数字信息的高速传输成为现实。三是计算机技术的发展，提升了军事信息系统的智能化能力，自动接收、自动处理，作战单元的指挥水平大大提高。

总之，相关技术的快速发展，反过来也使战术数据链技术成熟起来。不同作战单元、作战力量、作战装备之间通过无线通信即可完成指挥信息的自动连接，从而为战术数据链的产生奠定了基础。

5.1.2　分类组成

1. 战术数据链的分类

各种情报(信息、图像、视频等战场动态情况)经由各种传感器成，情报通过数据链传递并汇聚到指挥控制系统，指挥信息系统产生指挥控制信息(如决策、指令等指控信息)，指控信息再经过数据链传递到相应的武器系统、作战平台(飞机、舰船、部队等)，形成一个信息从生成到应用的回路。信息在联网的作战平台之间快速流动，将在地理上距离较远、相对独立的作战单元紧密地链接成一个整体。目前，美军已建成了多种战术数据链，其分类方式主要有以下几种。

1) 从功能划分

(1) 态势感知类：主要用于战场总体把握，重点关注多样化任务，技术关键在于多种作战力量、多军兵种、多种指挥控制平台、多种武器装备平台之间不同类型信息的交换。这种战术数据链主要传输格式化的报文信息，数据传输率较低，目前有 Link 4A、Link 11、Ling 16、Link 22。

(2) 侦察监视类：主要用于传送战场各种快速变化的动态图像和信号情报信息，技术关键在于实时的视频和高分辨率的图像传输，数据传输速度高，现有的包括通用数据链(CDL)和战术通用数据链(TCDL)。

(3) 特殊行动类：主要为满足完成特殊任务而专门建立的，其功能特殊、信息交换形式单一，技术关键是突出任务的独特性，不是通用设计的数据链。

2) 从指挥层级划分

(1) 战略级战术数据链：主要用于传送美国决策层的数据，并可支持传输战略级空对地雷达和战略级无人机的信息。

(2) 战役级战术数据链：主要用于支持战斗部队战场空间的联合战术数据链路的需求。

(3) 协同级战术数据链：主要提供作战分队间的实时战术数据交换。

3) 从数据终端划分

(1) 单兵终端：主要解决作战人员之间、武器装备、信息平台之间的数据传递。

(2) 武器终端：主要解决飞机、舰艇和无人机等武器装备之间的数据传递。

(3) 网络终端：主要解决 C^4ISR、地面控制站信息平台之间或 GIG 方式下的网络或网格之间的数据传递。

4) 从通信方式划分

(1) 有线方式：主要使用陆上有线通信线路，用于防空数据的自动交换。

(2) 无线方式：无线战术数据链包括 11 号、14 号、16 号等战术数据链。

5) 从工作方式划分

从工作方式划分，战术数据链分为数据交换和数据传输两种，但大部分数据链都具有数据交换和数据传输两种功能。

2. 数据链的组成特点

按照信息传递的关系，数据链应由终端设备、传输设备、通信规范、安全设备以及其他构成要素组成。

(1) 数据链实质上就是一种通信系统，通信系统必备的终端、传输设备、通信规范、安全设备等因素，它都具备。

(2) 由于是在军事领域的通信系统，数据链执行特定的数据报文的消息标准和控制链路运行的通信协议，为此，与其视数据链为设备，不如视其为一组军事通信规范。装备如果要加入数据链，就必须遵循其传输、格式、组网、规格等协定。

(3) 为保障军事可靠性，数据链较民用通信系统更关注安全，比如保障通信安全、可靠运行的辅助设备(密码设备、稳定电源等)。

(4) 数据链还应包括指挥信息系统、武器系统和各种传感器平台，离开这些因素，数据链就无法形成。但这些因素又自成体系，所以称之为数据链的其他构成要素。

5.1.3　发展趋势

目前，战术数据链已经可以进行全双工、多对多时隙分配、多对多时分多址方式等操作，使战场中各种指控系统、作战平台组成信息处理网络，为作战人员提供所需战场数据，未来其发展趋势主要有以下几方面。

1. 高速化、全面化

为适应信息化战争的发展，数据链必须能够进行语音、数据、图像、视频等多媒体信息的传递，不仅需要数据链具备高带宽、大数据吞吐量，而且信息传递还要准确、实时、安全，以满足战场上多个作战平台间的动态数据交换。

2. 小型化、单兵化

目前的数据链设计面向大型作战平台，如指控预警空中平台、地面指控中心、航空母舰等，所以需要发展小型化、单兵化的数据链，以便更多地渗入战场的各个角落,实现战场信息全覆盖。

3. 通用化、一体化

战场汇聚多种类型作战力量的方法就是通用化、一体化。通用化是联合的具体途径,一体化是数据链达到的目的。因此,依靠卫星等远程通信手段、通用化的接入设备,最终形成陆、海、空、天、电一体的数据链系统将是未来发展的必然。

5.2 战术数据链的构建

战术数据链与通信系统、战术互联网和指挥自动化系统在功能上存在重叠,很容易在理解上产生混淆。下面从类似系统间的区别入手来介绍战术数据链的特点。

5.2.1 类似系统间的区别

1. 与通信系统的区别

(1) 在通信系统中,链路(Link)和线路(Circuit)经常混用,然而在军事通信中,它们却是有严格定义的。

- 链路:完成某种特定功能的一套完整的设施。
- 线路:表示建立电文传输的一种通信途径。

(2) 从技术的角度看,战术数据链是数据流转过程中涉及的链路、节点和关系的集合。

(3) 从战场的角度看,战术数据链就是由作战指控信息链接而构成的不同作战力量间的战术关系。因此,战术数据链与通信系统最明显的区别就是能否在不同的系统间搭建需要的信息关联关系。

2. 与战术互联网的区别

很多情况下我们都提到这样的问题:战术互联网是不是战术数据链的升级形式?因为两者概念太接近,而且互联网比数据链的理论更新,其实这种理解存在比较大的误区。

两者概念接近源于同是传输信息从而构成了某种战术上的关联。然而从通信角度上看,采用多信道、多信息传输格式和多通道传输模式的战术数据链与多协议、多路由的战术互联网实质上却有较大的差别。

(1) 战术数据链是依托某种具体的链接手段，在不同的作战平台和系统间构建一种特定的作战指控关系，从而各个被链接的对象就形成了一个完整的战术协同共同体。因为其协同目标是为实现某一确定战术目的，所以战术数据链设计的关键在于网络传输效率，为保证信息传输的实时性采用了比较简单的通信协议，而且其数据、协议、信号之间统一设计、密切相关。

考虑到战场信息的时效性，战术数据链需要对信息转发预先分配确定的信道和容量，链接节点需要对信息进行分类和覆盖。信息传输中，战术数据链在多个节点间不进行差错控制，差错处理工作由终端和指控中心完成。

(2) 与之相对的战术互联网实质上就是一个类似互联网的网络平台，尽管也可以形成某种特定的战术关系，但各对象间属于松散式耦合关系。战术互联网以对象互联为目的，所以是按通信网络来设计的。其建设目标是网络节点的互联互通，技术关键关注于网络中信息路由的适应性调整，而网络传输内容大部分用于网络管理，数据传输效率较低。

战术互联网采用分组报文传输信息，其数据、协议、信号之间无关联性，传输效率比较低。网络节点对信息的转发就是简单的信号中转和中继，节点间的传输差错控制往往采用报错重发方式进行。

3. 与指挥自动化系统的区别

从作战功能上来讲，战术数据链与指挥自动化系统都是进行指挥控制的系统。但指挥自动化系统是以计算机自动控制来完成指挥信息的传输，其基础就是普通的通信系统，只是在信息传输时利用了计算机的自动控制功能。因此，指挥自动化系统的技术关键是网络结构与信息传输的自动化，其适用于作战力量的非战时的日常训练、行政管理和执行任务，而不适合战场信息的实时性传输。

5.2.2　战术数据链的特点

按照战术数据链系统的工作特点，其传输的信息主要是动态实时的规范化作战相关数据，比如目标状态参数和指挥指令数据。因此，其具备以下特点：

(1) 动态实时性。对于作战目标状态及相应的指令而言，战术数据链必须保证数据传输的速率，不断提高机动目标状态的更新率，以便实时跟随目标的发展。

(2) 传递可靠性。由于战术数据链主要以无线形式来传递数据，无线信道上的各种信号衰减将严重影响信号的接收，因此战术数据链采用了编码纠错技术来提升数据传输的可靠性。

(3) 信息安全性。在网电空间中，为了使信息不被敌方破获，战术数据链都会采用数据加密技术，确保信息安全。

(4) 格式一致性。保证信息实时性传输的基础手段就是规范信息格式，以避免信息交换时因格式转换造成的时延。

(5) 通信有效性。围绕实时性，根据各种战术数据链不同的结构，战术数据链系统都会采用与之相对应的通信协议。

(6) 系统智能性。战术数据链相关设备在工作方式确定后，设备将按对应的通信协议，在系统通信控制设备的控制下自动运行。

5.3 战术数据链研究的启示

5.3.1 我国战术数据链的发展情况

我国的战术数据链起步比较晚，主要是以空军和海军为发展的主干，虽然国家也很重视，但目前尚未形成统一的思想。

(1) 我国自行研制的 HN-900 战术数据链已经装备所有国产新型水面战舰，据报道该战术数据链整体性能与美军 Link 11 战术数据链一致。

(2) 我国自行研制的第二代多用途信息处理系统 JY10G 能对各种信息有效整合，从而最大限度地提高战斗力，据称我国自行设计建造的新型导弹驱逐舰就装备有 JY10G。

5.3.2 形成部队战术数据链的契合点

外军发展战术数据链的历史可以为加速我军构建战术数据链提供宝贵经验，主要表现如下：

(1) 数据链是技术基础，战术是上层建筑。在没有战术数据链的基础上是无法谈及网络中心战这种概念的，它需要的是物理上的组成，而不仅仅是思想上的虚构。

(2) 数据链通过赋予指挥员更多的能力以随时调整指挥结构，适应复杂任务。

(3) 美军在处理指挥层级结构变换时的经验。美军采用了特勤分队作为临时指挥，这样通过训练部分人就可以达到此目的，而且特勤分队机动性强，可以不断地跟随事件中心，也同时解决了权限的随意变化问题。

(4) 为适应目前我国的发展对我军战斗力生成的需要，形成其特有的战术数据链，要在技术上寻找到切入点。我军在一定形式上已经构成了一些战术数据链模型，但这完全来源于部队信息化的发展，还没有对战术数据链形成共同的意识，更主要是缺乏必要的技术手段。而且部队应急处突任务复杂，形式多变，需要不断调整作战模式。

目前，国际国内形势暗流涌动，部队面临的任务又十分复杂，态势瞬时多变，需要不断地根据实际来调整作战模式。因此，务必抓住以下四点构建自身的战术数据链，才能实现跨越式发展。

① 综合通信、导航定位和敌我识别是战术数据链的技术特点。

② 通信是战术数据链的主干。通信的发展是人类社会发展到信息时代的重要标志，它不仅是战术数据链的主干，更是整个人类社会的基本构成。军用通信和民用通信相互交叉、相互渗透，是 21 世纪技术革新最快的领域之一。

缺少了通信就不可能构成任何战术数据链，然而就是因为通信的基础性作用，在建设部队战术数据链时反而它不是重点。原因在于部队已经拥有了大量的通信手段，目前工作更主要是体现在创新地使用这些手段。

③ 导航定位是战术数据链的主要保障，已经渗透到了它的各个层面上。如果说通信是打造信息高速公路的主力，那么，导航定位系统特别是具有全球性的定位能力的卫星导航系统就是构成数字化地球的助推器。卫星导航系统一般具有定位、导航和授时的功能。

定位就是告诉用户你在哪；导航告诉用户你的目的地在哪，你应该怎样到达；授时就是使你与别人使用同一个时间标准，在同一个时间空间中。

导航和定位是在三维空间中确认你的位置、目标及方向，授时加入了时间维，形成了四维空间，这样就保障了所有的战场要素在同一个地理坐标系中、同一个时间标准中，真正地保障了各要素间的协同。

④ 协同是最终目标。

· 根据部队执行任务的特点，提出合理构建战术数据链的要求。部队任务明确、分工清晰，单独发展自身的战术数据链并预留一定的接口，是符合现代部队发展的举措。目前部队通信的手段呈现出多样性特点，已经能够保证其信息传递的畅通，因此，建设战术数据链对通信的要求更多的是着眼于通信手段的应用，根据发展和建设的要求对通信手段提出适应性要求。

·　北斗导航定位系统的建设是部队建设自身战术数据链的契合点，也是进一步发展应用的开端。GPS 对于外军的战术数据链的构成起着非常重要的作用，正是由于 GPS 的引入，美军的战术数据链的功能得到了放大。北斗卫星导航系统的建设成为建设和推动部队战术数据链的有利契机。

5.3.3　建设战术数据链所采用的方式

建设战术数据链所采用的方式主要有以下两种：

(1) 他山之石。从外军各军兵种建设战术数据链的过程看，可以采用三种基本方式。

① 自上而下：即复杂型，适用于后军事变革的国家，由国家下达构建的总体方案，各军兵种按照各自的要求，按照国家的统一规定，在一定的范围内进行各自的建设。这种方式标准统一、规范，以协同为主要目的，但成效速度慢，时间上存在建设真空。

② 自下而上：即简单型，适用于军事发达国家，由各军兵种根据国家的战略政策独立地去探索各种战术数据链的构造，待形成一定的规模后，再由国家进行标准的统一。其优点是速度快、应用早，但统一慢，存在重复和浪费。

③ 混合方式：由国家下达一个概念化的框架，再由各军兵种在框架内研究，最终进行融合。这种方式适用于发展中国家，问题是国家很少能够提出一个具有前瞻性的概念，容易出现战略性的失误。

(2) 以任务为牵引，建设部队战术数据链的方式。根据部队自身的特点(包括区域性地理情况、目前所用的装备、人员的素质等)，各自设计自身的小子集战术数据链(小子集是指在部队战术数据链子集下，而此子集又归属于上一级战术数据链的集合下)。

本　章　小　结

战术数据链是一种以数据传输为特征的链接手段，它将单个智能化作战平台连为一体，成为一个战术共同体，在运动速度极快的智能作战平台之间，实现战术协同，组建战术共同体，大幅度提高整体作战能力成为迫切需求，这便是战术数据链的重点。

课 后 思 考

　　作业：面向任务的小子集战术数据链的设计。可以设置场景，查阅资料进行理论设计。

　　要求：通过学习讨论和反思，同学们应该更加清醒地认识到先进的战术数据链在未来作战应用中将发挥重要的作用。

第三部分　战场通信网络

　　未来的战场中，高效的通信网络将陆、海、空、天、电融合为一体，战场网络延伸到战场的每一个角落，战场更加纵深，兵力更加分散，参战力量更加多样。

　　在这个战场网络中，各种信息高速流动，交战双方都可以做到实时发现、实时传输、实时指挥、实时机动、实时打击、实时评估、实时保障。整个战场被展示在屏幕上，各种情况无处遁形，战场通信网络变成了一个新的"作战空间"。

第6章　军事卫星通信系统

6.1　概　　述

卫星通信系统是以卫星作为中继站转发多个地面站之间的微波信号，由于通信卫星轨道高、通信距离远，几颗卫星便可覆盖全球，极适合保障作战单元的战术机动通信，所以卫星通信在军事领域中的重要性是其他通信手段无可比拟的，卫星通信真正实现了对战场的全覆盖。

1. 卫星通信在军事中的应用现状

卫星通信在现代军事行动中地位越来越重要，到目前为止，美、俄、英等国家都已经发展了三代军事通信卫星，也都构建了自己的全球军用卫星通信网。

美国拥有世界上最庞大的军用通信卫星系统，据估计，美军 70%的战略情报来源于卫星，80%的跨区域通信依靠卫星。美国现有多种军用通信卫星系统，如国防卫星通信系统(DSCS III)、舰队卫星通信系统(FLTSATCOM)、空军卫星通信系统(AFSATCOM)、地面机动部队卫星通信系统(GMFSCS)和军事星(MILSTAR)等。这些卫星通信系统成功地支撑了近年的美军作战指挥，在海湾战争、科索沃战争、阿富汗战争等地区性冲突中，美军的卫星通信便得到了高效的应用，美军之所以能够迅速取胜其卫星通信起到了决定性作用。

2. 卫星通信在军事应用中的优缺点

首先，由于军事卫星通信可以架起从最高决策者直接到战场最前沿的通信桥梁，各级决策者都可直接获取第一手情报，前沿阵地也可直接接收决策者的指令，既全面把握战场最新发展，也可打破层级结构，便于各层次直接指挥作战。

其次，军事通信卫星可广泛应用到陆、海、空战场的各个环节，而且卫星通信具有较高的抗战毁能力和机动作战通信适应能力，能够保障高质量和高安全的信息传输。

但是，通信卫星作为战场通信网络的关键连接点，存在无法隐蔽的弱点，一旦受到来自太空的攻击，整个战场通信体系将处于混乱状态，作战单元不知所措，作战力量无法协同，失败的结果不难想象。

3. 卫星通信在军事应用中的发展趋势

虽然卫星通信在信息化战场中起着重要作用，但过高的建设成本也制约着其进一步的发展，为此，军用卫星通信系统正向着集约综合的方向发展。一是军事通信卫星微型化。小卫星、微小卫星能够克服大卫星易受电磁干扰和反卫星武器破坏的弱点，用多颗小卫星组网来代替单颗大卫星，还可以提高卫星系统的生存能力。二是星链间采用光通信。卫星光通信就是用激光进行卫星间通信，不仅使卫星间通信容量大为增加，而且卫星通信设备的体积和重量却大大减小，同时也增加了卫星通信的保密性。三是多系统融合。卫星通信与地面通信相互融合，既可以单独成网，也可以跨系统互联互通，构成一体化的陆、海、空、天共用的综合通信网。

6.2　美国的军事卫星通信系统

6.2.1　美国军事卫星通信系统的发展

1. 概述

自 20 世纪 60 年代开始，在新的军事理论的不断牵引下，美国军事卫星通信(MILSATCOM)技术得到了长足的发展。随着美军各种类型通信卫星的陆续发射，到 2020 年，美国军事卫星通信系统的核心系统包括宽带类型的宽带全球卫星系统(WGS)卫星、窄带类型的移动用户目标系统(MUOS)卫星和抗毁类型的先进极高频(AEHF)卫星。美军卫星通信系统已经逐步形成了作战能力。

尽管美军采取了各种方法解决军事需求与预算间的巨大差距，但是仍然无法满足美军对于安全、抗干扰的卫星通信能力的需求。因此，未来美国军事卫星通信系统将重点考虑降低系统开发的成本、增加系统的灵活性和提高商业卫星通信的军用可靠性。

2. 宽带卫星通信系统(WGS)

一是宽带卫星通信系统已经成为美军宽带数据传输的主力。由于单颗 WGS 卫星的通信容量是整个国防卫星通信系统(DSCS)的 10 倍，3 颗 WGS 卫星就已经满足了美国防部 90%的宽带需求，所以 WGS 卫星承担了美军的绝大部分宽带通信，而且大量的 WGS 卫星终端正在部署中。

二是采用的最新体系结构提升了 WGS 卫星通信系统的通信能力。WGS 卫星通信系统采用了能够转发大带宽机载情报图像的技术体制，并利用了波音公司卫星平台的高增益天线提供动中通通信，既增加了 WGS 星座的容量和冗余度，又可以非常容易地获取有效数据。

3. 窄带卫星通信系统(MUOS)

MUOS 卫星通信将替代目前的特高频后续星(UFO)卫星通信系统，其卫星通信终端将广泛部署在美军各种平台上，MUOS 将为美军提供 10 倍于 UFO 系统的通信能力。一颗 MUOS 通信卫星可提供 4~16 倍于 UFO 星座的容量，可以实现全球连接，支持全双工的话音和数据传输。

4. 抗毁卫星通信系统(AEHF)

一颗 AEHF 卫星所能提供的通信能力将超过目前 5 颗军事星(Milstar)提供的通信能力，而且 AEHF 卫星还具备与军事星向后的兼容性。

5. 商业卫星通信系统

为实现网络中心战，美军需要大幅度增加军事通信卫星的数量，但目前在轨通信卫星数目与满足军事战略需求之间还有距离。因此，租用商用通信服务已经成为美军战争的必要手段。

6.2.2　美国军事卫星通信面临的问题

军事卫星通信系统的建设一直受到成本、时间、技术和功能等多因素的困扰，随着现有美军全球战略的推进，诸多问题此起彼伏。

1. 现有军事卫星通信系统面临的问题

一是功能越来越复杂，制造、设计所消耗的时间、成本也越来越高。单颗的小、微卫星既不复杂，成本也比较低。但目前的美国军事卫星通信系统的发展却需要更重、更复杂、造价更高的卫星。

二是通信卫星相应的支撑技术要求也越来越高。小微的通信卫星可以用小型或中型运载火箭发射，但功能多、载荷重的卫星则需要大型火箭进行发射，而相应的技术开发和建设成本也就越高。

这种现实的矛盾实质上是战略思想顶层设计上的选择问题。

2. 未来军事卫星通信系统面临的问题

虽然美军对于军事卫星通信能力的需求不断增长，但是由于美国的整体经济一直萎靡不振，造成美军的军费预算不断缩减。这种情况下，美军已经无力支持大型卫星计划。因此，如果没有外来的军事威胁，则商用卫星将成为今后美军事卫星通信体系结构的主要组成部分。

3. 商业卫星通信系统面临的问题

虽然商业卫星通信系统可以弥补美军所需的军事通信能力的缺口，并且在伊拉克、阿富汗等战争中为美军提供了绝大多数的通信能力，但是广泛采用商用非抗毁卫星通信系统，若敌方具备一定的网电作战能力，则极易让美国受到威胁。

6.2.3 未来的美国军事卫星通信系统

为解决所面临的诸多问题，未来美国军事卫星通信系统的发展主要表现在研发不同的体系结构、引入智能通信技术和提高商业卫星通信系统的可靠性等几方面。

1. 模块化的卫星通信体系结构

通信卫星的模块化、通用化、开放式体系架构，已经从通信卫星内部设计的模块化和开放式架构发展到了外部设计的分布式聚合模块化卫星的方向。模块化设计不仅可以大幅降低卫星生产周期与成本，从而减少通信成本，而且通信卫星本身不再是传统意义上的一个整体，而是由多个在轨模块组成的，显著提高了系统的灵活性、可扩展性，并提高了容错重构和生存能力。

这种分布式聚合模块化卫星技术的思想是通过数量少的任务来创建一个以增量的方式部署的卫星通信体系结构，即利用无线通信和无线供电技术，使卫星系统的各个组成部分连接成系统，各个组成部分之间可以更方便地更换、重构、升级，可更好地满足降低成本、快速响应、支持在轨服务等需求。

2. 软件定义通信卫星技术

软件定义卫星是以太空云计算平台为核心，利用开放式的系统架构，构建通用化、模块化的硬件即插即用，从而保证云端应用软件按需服务。这项技术可以改变通信卫星的部分参数，如功率、覆盖范围、频率和带宽等，这样地面端就可以方便地更新软件去重新定义通信卫星的部分功能，灵活适应多类型任务和多类型用户。

软件定义卫星技术的出现带来了巨大的变革，传统卫星是按任务要求定制的，而可重编程、可重配置的软件定义卫星设计思想采用可重构载荷、人工智能(AI)、云计算、软件定义无线电(SDR)等技术提高了卫星的可重构性和灵活性。虽然软件定义卫星技术近年来发展较快，但仍然处于起步阶段，作为一种新兴的航天技术对建设新型空间体系具有重大意义。

3. 商业卫星通信系统的有效性

随着商业卫星通信系统被引入到美军军事卫星通信体系结构中，而且所担负工作的比例越来越高，商业卫星易受攻击且防护能力差的弱势也已突出显示出来。美军方正处于平衡通信成本与安全可靠的困难中，提高商业通信卫星的可靠性，使其满足军用需求就必须考虑干扰问题。

对美军而言，商业卫星通信系统也存在风险和成本问题。采购商业服务和推进商用卫星按军方需求研发只是解决问题的表面，而积极引导军民融合，促进军民两用技术发展是问题的实质，既可以提升商业通信卫星技术水平，提高商用卫星产业的国际竞争力，又能够更好地"为军服务"。这样才能实现军民双方的"共赢"。

美军为顺应军事卫星通信领域的新军事变革，不断创新采购体制、应用模式和技术，大力推动军民通信系统融合的新一代军用卫星通信系统。

6.3　美军的宽带卫星通信系统

1. 美军的宽带全球卫星通信系统

即便美国拥有世界上最庞大的军事通信卫星系统，但是其通信能力也无法满足现代战争大量高速的语音、数据、图像和视频的处理与传送需求。为此，美国从 2001 年开始对美军的卫星通信发展进行规划和转型，宽带卫星通信系统(WGS)便是发展重点。

由于 WGS 采用了相控阵天线和卫星数字处理等大量先进技术，系统通信能力更强、通信容量更大、通信速率更高，它能提供军用双向 X 频段(约 7～8 GHz)、军用 Ka 频段(上行为 30～31 GHz，下行为 20～21 GHz)的通信，支持移动高容量双向 Ka 频段通信，通过 WGS 能够向全球美军提供宽带通信应用。

2. 宽带卫星通信系统的军事应用

美军的宽带全球卫星通信系统已经成功经受了伊拉克战争的考验，成为美军重要的军事通信链路。它们可以为美国本土与全球的美军搭建畅通的通信桥梁，并为世界各地的美国情报机构提供帮助。从长远来说，宽带全球卫星通信系统将确保美军未来的军事能力，美军的舰艇、无人机、地面通信、武器系统平台都将受益于宽带全球卫星通信系统网络。

例如，宽带全球卫星通信系统能够高速率为无人机提供通信支持，可将来自"全球鹰"无人侦察机上的图像传输速率提高 1 倍。

3. 对美发展宽带卫星通信的思考

首先，正是由于美军大力发展高带宽高传输速率的宽带全球卫星通信系统，势必对全球，特别是我国造成重大军事威胁。从目前掌握的资料来看，美军通信卫星在 2010 年左右就具备了 Gb/s 量级的传输速率，目前预计应具备 10 Gb/s 以上的传输速率。这就意味着美军在现代作战中已经获得了实时化的信息传输能力，完成了"看见即消灭"的战术目标，已经全面具备了全球宽带服务能力。

其次，由于动中通传输是实现网络中心战的基础，是信息化战场最急需的通信能力，是作战单元成为战场中心的保障，因此美军的宽带全球卫星通信系统不仅具备固定通信能力，而且也具备动中通能力。

再者，美军在宽带全球卫星通信系统中采用了新技术新频段，不仅给美军通信卫星的整体发展带来了益处，而且使宽带全球卫星通信系统的功能和性能实现了飞跃，使得宽带全球卫星通信系统不仅能在 X、Ka 频段下工作，还能跨频传输，保障了作战部队战术机动下的畅通通信。

6.4　启 示 与 建 议

经过多年的建设，我国已建成了完整的航天工业体系，卫星、运载火箭研发能力进入世界先进行列，卫星通信基本保障体系已建成，北斗卫星导航系统定位服务覆盖全球，卫星应用已经成为创新管理、环境保护、减灾救灾等工作的主要手段。

美军的发展经验为目前我国卫星通信系统建设及军事卫星通信系统应用发展带来了新的启示。

1. 全面加强卫星应用创新发展

当前，我国卫星通信领域正处于"四个转变"的转型关键期，一是从追赶先进到自主创新的转变，二是从实验摸索到按需服务转变，三是从依靠外力到内涵发展转变，四是从政府主导到市场驱动转变。因此，抓住"四个转变"的机遇，加快卫星通信系统建设是适应国家发展的重大战略举措。

2. 卫星通信是军队信息化建设的重要组成

新时期以来，伴随着科技发展和新军事变革的脚步，我军信息化建设速度明显加快，军事卫星通信、遥感测绘、导航定位等卫星通信的应用对军队信息化建设提出了新的要求，既为装备的研制生产提供了重要机遇，也大大促进了军队装备保障体系的完善，更是军队信息化建设的重要组成部分。

3. 发展多层次、多方式的卫星通信系统

构建我国自己的卫星通信系统体系，必须结合战略、战役和战术任务对卫星通信的需求加强顶层设计；必须在保持传统作战特色的基础上实现频段、覆盖区域和作战应用场景上的相互补充；必须借鉴外军的发展经验，利用商用卫星通信系统风险低、技术成熟的优势进行军民融合。

本 章 小 结

本章介绍了美军的军事卫星系统的现状和未来发展趋势。虽然美军由于军费预算不足，军事卫星系统技术复杂且开发难度大，但其雄心勃勃的各种军事卫星通信系统的开发与部署依然蹒跚而行，无论如何，美军拥有当今世界上最大的军费开支和世界领先的军事卫星通信技术，因此，开展有关美国军事卫星通信系统发展的研究，具有十分重要的意义。

课 后 思 考

作业：针对美军的军事卫星系统研究，对我军的军事卫星系统进行讨论和思考。

要求：从中获取经验和教训，借以对自身未来的工作产生指导性的思路。

第 7 章 地面无线通信网络

7.1 地面战场通信网络

尽管军事卫星通信对现代信息化战争起着至关重要的作用，但目前大部分战场通信需求仍然需要依靠地面通信网络来完成。

7.1.1 战场战术通信网

战场区域内的通信网络就是在战场区域内进行一体化作战的"指、控、通、联"的战场战术通信网络，通信中心和通信节点负责网络中信息的传输，依靠无线电通信形式构成一个覆盖战场范围的战术通信网络。

战场战术通信网必须具备符合战争的特点。一是机动适应性好，可满足作战单元的动态实时通信。作战时不仅终端需要移动，而且指挥中心也需要根据战场态势不断变化位置。二是网络可靠性高、抗毁性强，设备展开快、撤收快，部分通信节点战损后对战场整体通信影响小。三是通信隐蔽性好、保密性高，网络互联互通，信息流动方向不易探查，很难依据信息流向确定我方指挥中心。装备携带机动、灵活，易于隐蔽、伪装。数字化通信便于加密，且能抵抗敌方的截获和干扰。

7.1.2 外军地面通信网

众所周知，提升部队作战行动中的通信能力是信息化战场的基础，因此，西方国家采取了许多不同的创新方案，来满足各自的战场通信需求。但到目前为止，经受过战争考验的外军战场战术通信网只有美国的联合战术信息分发系统、英国的松鸡地域战术通信网和法国的里达自动综合传输网。

1. 美国联合战术信息分发系统

联合战术信息分发系统(JTIDS)具有以下特点：

(1) 实时数字通信；

(2) 用户之间都可通信，互不干扰，保密性好；

(3) 采用扩频跳频技术，抗干扰力强；

(4) 通信、导航、测距、敌我识别功能。

(5) 传输数字数据和语音数据；

(6) 可容纳 10～20 个网络，每个网络容量为 1520～2560 个用户；

(7) 有效工作半径为 300～500 km，以飞机为中继时通信距离可达 1000 km。

因此，JTIDS 系统特别适用于战场的指挥和控制。目前，美国空军的 E-3、F-15 和 E-8 等飞机、地面战斗报告中心和信息处理中心，海军的 F/A-18A、F-14 和 E-2C 等飞机、航母、巡洋舰和驱逐舰，陆军的地面指挥中心都已配备 JTIDS 系统。

2. 英国松鸡地域战术通信网

松鸡地域战术通信网是英国陆军和空军使用的战场干线通信网，其具有以下特点：

(1) 全数字化；

(2) 可传输电话、电报、传真和数据信息；

(3) 机动性好，节点交换机等均为车载型，机动用户可在网内自由移动；

(4) 保密性好、可靠性高、生存力强；

(5) 互通性好；

(6) 模块化结构，便于操作维修；

(7) 服务用户为 1000 个左右；

(8) 通信节点间距为 25 km。

3. 法国里达自动综合传输网

里达自动综合传输网包括交换机、传输设备、数据处理设备、用户终端、移动用户综合设备和网络指挥中心等。其用户终端包括用户电话机、快速电报终端、高速传真机、会议控制台等，主要使用高频无线电、电缆和数字微波中继，其中高频无线电用来传输数据。其主要特点如下：

(1) 抗毁力极强，一条线路就能通信；

(2) 保密性和互通性好，可与其他通信网连通；

(3) 多为车载设备，机动性强，使用方便。

(4) 服务用户多，可包含 6200 个固定用户和 1900 个移动用户，通信节点距离为 40 km。

(5) 为便于联通，通信节点一般设置在高点上。

目前里达系统已经发展到第四代，它允许多个级别的指挥中心快速同步，保障与小作战单元的信息交互。

综上所述，地面通信网络正处于飞速发展的时期，其抗干扰、抗测向和抗截获性能更强，容量更大，可靠性更高，而且开始向空中发展，如利用直升机、热气球甚至卫星作为空间通信中继平台。但是同时我们也注意到，这些地面通信网络的中心是平台或系统，并不适合作为以士兵为中心的战斗网络，因此催生了作战人员战术信息网的建设。

7.2　作战人员战术信息网

7.2.1　产生背景

1. 未来战斗系统(FCS)的延续

自冷战结束以后，美军认为未来战争的形式将是小规模、小目标的局部作战。面对这种双方力量非对称的作战形式，美军兵力部署变得越来越分散、越来越频繁。在这种历史背景下，美军从 1999 年开始了"未来战斗系统"的建设。

未来战斗系统项目是有史以来全球陆军规模最大的采购项目，其目的是建设一支机动化、网络化的美国地面部队。未来战斗系统由有人地面车辆、无人机、无人值守传感器、无人车和精确弹药等 14 种系统或平台组成，这些系统或平台依靠作战指挥网络与士兵联为一体。建成后的未来战斗系统可以使美军先敌发现、先敌判断、先敌行动，并最终取得胜利。

虽然未来战斗系统在 2009 年被迫取消，但是它对地面作战思想和相关通信装备发展所带来的深远影响仍在继续。

2. 战争实践对战术通信的新要求

海湾战争、沙漠风暴、科索沃战争、联合作战演习等战争实践对美军的作战理念产生了巨大的影响，实施的作战计划对战场通信提出了新的挑战，对战术通信系统提出了新的要求。

首先，通过对战场上出现的定位导航、敌我识别、作战协同等问题进行探索，指出战争中只有解决好"我在哪里？""同伴在哪里？""敌人在哪里？"这三大问题，才能进行真正指挥控制，才能取得战争的胜利。

其次，为解决好这些问题，作战人员必须依靠视频、图形图像、协同装备、远程交互、分布式数据等较宽频谱的信息业务，而这些功能已远远超出美军以前战术通信网的性能范畴。如果网络的联通性和通信速率不够，就无法跟上作战单元的推进速度，难以满足数字化战场的需要。

最后，与解决问题配套的作战规划与制度、作战训练与培训、指控结构与机制、作战支援与后勤保障等新的信息交换需求也相应变化。而要从不同的系统和网络接收信息，由于系统多、设备多，往往处于信息超负荷的情况，反而影响作战人员及时做出正确的决策，导致行动效率不高。

3. 作战人员战术信息网的产生

作战人员战术信息网(WIN-T)是美军 1996 年开始实施的通信系统体系结构，最初 T 代表陆地(Terrestrial)，后期升级为战术(Tactical)。

WIN-T 是美军采用商用技术研发的自组织、自愈合综合通信网。它能够提供综合、高速、大容量干线通信网络，依托有线和无线方式传输语音、数据、视频等信息，通过集成地面、空间和卫星通信能力，可以满足多兵种协同作战，并保障同步实施多个战场任务。

WIN-T 包括四个增量任务：增量 1 为静态通信能力，增量 2 为动中通通信能力，增量 3 为卫星通信能力，增量 4 为增强卫星通信能力。

7.2.2 结构特点

WIN-T 的主要结构特点如下：

(1) 采用开放式体系结构、模块化设计，可方便、灵活地更换故障或技术改进型部件；可以升级最新技术，便于系统运维；通信节点自主能力强，可快速组成一个独立的网络，满足快速部署的要求，适应快节奏的作战需要。

(2) 网络结构适应作战需要，无中心节点，所有的节点权限平等；任何节点都可随时出入网络，其故障也不会影响整个网络的运行；网络结构可根据战场要求伸缩调整，动态拓扑；网络节点能够动态随机移动，可适应战争的最新发展。

(3) 网络传输采用成熟的商用技术，符合联合技术体系结构，可有效地利用带宽和频谱；采用网络中心波形和高频段网络波形，使网络传输能力大大增强，保证了视频、战场地图和目标数据等作战数据能够获得实时传输。

7.2.3 应用问题

WIN-T 目前已经发展成全球信息格栅(GIG)的一个重要组成部分，也有人称

WIN-T 为 GIG 的陆军部分。但是 WIN-T 项目耗资巨大，经过测试并没有实现预期的效果。于是在 2020 年年初，作战人员战术信息网面临中止的困境，美军计划重新开始整体战术网络项目，以便解决实战中出现的问题。

1. 装备过多、过重，通信实施非常困难

一是为了节约成本，实施了现有装备的改造，而改装后的设备多与原有空间不匹配，造成操作不方便；二是由于装备集成度过高，部分通信装备的操作相当复杂，交互式操作简化而不清晰，战场情况下单兵操作困难，通信实施不流畅；三是通信装备过大过重，携行困难。特别是网络基础设施，不仅需要重型车辆运输，而且布设时间过长，甚至影响了作战行动的顺利实施。

2. 过度依赖中继设备，动中通能力有限

建设作战人员战术信息网的目标就是提升通信动中通的能力，然而 WIN-T 的通信能力仍然在很大程度上依赖静态性的通信骨干基站，不仅制约了作战力量的调整移动，而且也变成了战场上明显被打击的目标。

WIN-T 的增量 1 只能在静止时工作，而增量 2 虽然增加了动中通的能力，但依然无法满足战场需要。WIN-T 只好引入卫星通信的增量 3、增量 4，虽然动中通能力较之前有了很大的进步，但是卫星通信易受干扰等弱点必须克服。

3. 目标定位错位，网络对抗水平不高

为了加强战场网络的态势感知和信息处理能力，WIN-T 在通信处理中部署了大量的计算机，而相应的各种系统漏洞增加了整个网络的危险性。在海湾战争、阿富汗战争、科索沃战争等实践中，美军与对手的信息能力非对称，战场通信网络根本没有受到破坏。但随着国际形势的发展，美军将面对俄罗斯等势均力敌的对手，而目前的作战人员战术网络缺少抵抗电子战的能力。

7.3　通信网络关键支撑技术

7.3.1　对流层散射通信

地球大气层中的对流层、电离层和流星余迹等都具有对入射的电磁波再向多方向辐射的特性。散射通信就是利用空中的传播媒质(对流层和电离层)中的不均匀性对电磁波产生的散射作用而进行的超视距通信。

1. 对流层散射通信技术及其军事应用

由于散射通信具有通信距离远、抗干扰、抗侦听等优点，一直受到西方各军事强国的重视，已经成为军用通信中不可缺少的手段。作为通信领域内最有个性的成果，散射通信可以无视高山、湖泊的分隔，在相距数百公里的用户间进行通信，这种超视距的特点特别适合军事领域的应用，使之成为除卫星通信外最受军用通信关注的手段。

对流层散射通信系统已经成为美军全球战略通信网的重要组成部分，而在战术通信层面，轻型战术散射通信系统可以为美空军提供节点间干线数据传输。在俄罗斯，散射通信占所有军事通信的 30%～40%。英国军方也已经装备了最新一代的战术散射通信系统，是松鸡战术通信网的重要组成部分，单跳距离可达 250 km。同样，法国也装备了多种战术散射通信系统，单跳通信距离达到 200 km，广泛用于其里达战术通信网。

2. 军用散射通信的最新发展

为适应现代战争的需要，军用散射通信也伴随着新科技的发展而不断前进。散射通信装备的大功率、大口径以及固定基站局限了其军事应用，以往都主要应用于战略通信，而对于现代机动作战是无能为力的。随着数字技术的发展，小型化、机动化的散射通信装备越来越多，智能化、便携化正在成为散射通信装备发展的未来。

另外，为了满足战场超视距通信对大容量数据不断增长的需求，同时增强通信网的机动性和抗毁能力，人们正在研发微波散射一体化装备。这种装备能够同时具备微波传输和散射传输的功能，并能根据战场通信环境智能选择合适的传输方式。

7.3.2　软件无线电技术

1. 软件无线电的起源

自第二次世界大战以来，美军已拥有近百万数量的各种电台，包括数十个系列上百种型号。但是这些巨量的电台功能单一、频段单一、波形单一，只有很少一部分才能互联互通，更谈不上组网了。而且作为军品，其价格也比较昂贵。因此，美国军方就构思出一种解决方案，假如美军所有的电台均可互相兼容，这不仅节省了大量的研发和维护费用，而且自然成系统、自然成网络。这正是美军提出"联合战术无线电计划"的目的。

　　然而，一般的军用电台都是根据战场某些专门需求而设计的，功能特定，即便基本结构相似，但工作频率、调制模式、移动制式、波形、通信协议、编码和加密方式等信号特性差异很大，正是这些原因限制了各种电台之间的兼容性和互通性。

　　为了解决无线通信的兼容性和互通性问题，美国在 1992 年首次提出了软件无线电(Software Radio)的概念。

2. 软件无线电技术基础

　　无线通信无疑是现代军事通信最重要的组成部分之一，只要是战争就离不开无线通信，而且无线通信设备简单、携带方便、操作方便、架设方便，特别适合战场各种作战力量的战术机动。然而各种现有军事无线通信系统都有自己的"主战场"，常用的短波电台依靠电离层中继，功率虽然不大但适合远距离通信。通信卫星作为中转，"站得高传得远"，不仅能保障信息的高质量，而且提供的频带还很宽。微波通信采用直线传输，尽管只能在视距内站间传输，但抗干扰能力强，可满足大数据量通信的要求。

　　经过多年的发展，通信系统已经由模拟体制转向数字化体制，正是基于此，美军提出："在数字化基础上，能否设计出一种能满足多种调制方式和多址通信方式的电台，根据战场需要而构成多种通信系统呢？"

　　1) 常用模拟式无线接收装置

　　在图 7-1 所示的接收装置中，天线接收、信号滤波、功率放大、变频调制使用的都是模拟电子技术。解调以后，信号采用模/数(A/D)转换，再送到可编程数字信号处理(DSP)器件中进行处理，此后，信号都将使用数字电子技术。

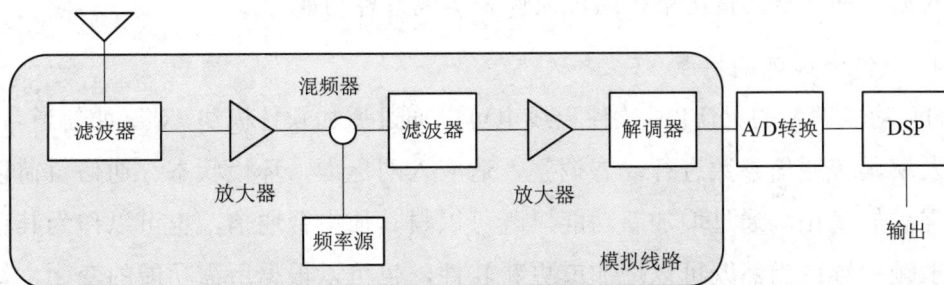

图 7-1　常用模拟式无线接收装置

　　2) 软件无线电的概念

　　将模拟电路部分数字化，模/数转换器(ADC)将向接收端移动。如果直接采用宽带天线或多频段天线,那么信号接收之后,整个处理都用 DSP 器件特别是软件来实现。

软件无线电的结构图如图 7-2 所示,通信装备若采用这样的通用化体系结构,就可以实现多频段、多调制方式和多址方式,解决多体制的无线通信系统通用性问题。

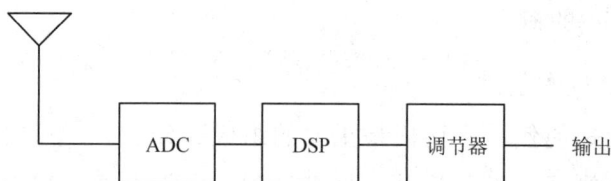

图 7-2　软件无线电结构图

综上所述,软件无线电的核心是将宽带 ADC 尽可能靠近天线,然后在数字电路部分构造一个通用化、标准化、模块化的,具有多通路、多层次和多模式无线通信功能的开放性结构体系,利用软件来实现工作频段、调制解调类型、数据格式、加密模式、通信协议等功能,即通路的调制波形是由软件来确定的,通过软件来实现信号的物理层连接。IEEE(美国电气电子工程师学会)对软件无线电的定义是,一种某些或者所有物理层功能均由软件定义的设备。

3. 与数字无线电的差异问题

随着微电子技术的发展,无线电数字化进程也会不断前进,A/D、D/A 器件必然会向天线端靠近。软件无线电与无线电数字化的差异在哪?很多资料都会寻找诸多理由,比如从概念、程度等角度来说明两者是存在差异的。但我们认为两者本质是一致的,最终目的都是试图摆脱硬件系统结构的束缚,并都可以在系统结构相对通用和稳定的情况下,通过软件来实现各种功能。

4. 软件无线电的特点

(1) 功能调整的灵活性。软件无线电可以通过增加软件模块,对诸如信道带宽、调制及编码等通信参数进行动态调整,适应入网标准、环境状态、通信负荷以及用户需求的变化。通过增加新功能,既可以与其他电台通信,也可以作为其他电台的射频中继;当然既可以增加或更新软件,也可以根据所需功能的变化,卸载已安装的软件模块。

(2) 结构体系的开放性。由于采用标准化、模块化结构,软件无线电的硬件也可以进行更新和扩展,具有很强的开放性和继承性。另外,与软件无线电硬件相匹配的软件也可以随需要而不断升级，不仅能保证与新体制电台通信，而且还能兼容旧体制电台。因此，这种兼容性既延长了旧体制电台的使用寿命，也保证了软件无线电有较长的产品寿命。

(3) 处理模块的通用性。软件无线电设备都采用了通用化的 DSP 模块，而 DSP 配套软件则固化在 DSP 硬件中。假如 DSP 模块更加通用，其软件就可以通过有线或无线手段依需要载入，那么软件无线电设备就可以真正实现在不同的环境、场合和不同的网络下工作了。因此，软件无线电极大地推动了可编程 DSP 硬件的发展，增强了它的可编程能力，提高了它的通用性。

5. 软件无线电的未来发展

如今，软件无线电技术不仅推动了美军联合战术无线电系统的发展，而且已经远远超出了军事范畴，成为一种全球性的应用前沿技术。同时，许多通信领域学者认为，认知无线电技术将是软件无线电发展的未来，并将再一次引发军事通信能力的变革。

认知无线电是一种智能通信设备，可以通过分析和授权，动态安排设备参数的使用情况，使设备在互不干扰的情况下自主进入网络。认知无线电发展的根本就是保证不同通信系统之间的共存和信息交互，允许用户在不同的网络与服务之间无阻碍地出入，而用户无须介入底层控制。

虽然美国已经成功地进行了认知无线电技术的验证，但目前认知无线电技术的成熟度还尚未达到产业化要求。

7.4　联合战术无线电系统(JTRS)

软件无线电技术给通信领域带来了巨大的变化，基于可配置、可编程软件定义的无线电技术正在逐渐成为无线电电子产品的设计基础，软件定义的无线电设备将成为具有射频前端的计算机平台。

7.4.1　JTRS 基本介绍

1. JTRS 计划

在军事领域，由于通信电台都是为了满足特定任务用途而设计的，因而各具特色，比如频率，美陆军电台工作在 30～88 MHz，空军工作在 225～400 MHz，而海军工作在 2～30 MHz。这些电台的频率、调制手段、信号波形和通信协议等参数差异非常大，因此也就限制了电台之间的联通。而现代信息化战争对战场通信的速度、容量和互通性的依赖性很高，不兼容的通信装备对于作战协同就是灾难，更不要说满足现代军事通信的需要了。

为解决这一突出问题，美军于 1990 年开始实施 JTRS 计划，其功能见图 7-3。JTRS 计划开发了一种适用于所有军种的电台系列，可覆盖 2 MHz～3 GHz 频段(包括陆、海、空)，后向兼容传统系统(可作为老旧电台的中转站)，包含现用的和未来升级的各种波形(信号池)，可为战场上的指挥、控制、通信、计算机与情报信息(C^4I)等同时提供视距和超视距的语音、数据和视频通信，极大地增强了作战单元间的通信能力。

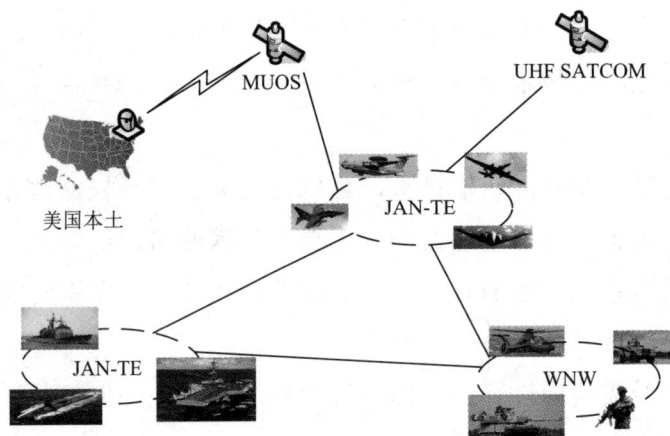

图 7-3　JTRS 功能示意图

JTRS 是一种硬件和软件都采用开放系统结构、多频段多模式、软件可重编程、硬件可配置的无线电系统，出自 JTRS 计划的所有电台均采用软件定义无线电技术进行设计。美军计划使用这种只需进行简单的软件调整便能实现所有电台能力的装置来替换传统的硬件电台。现在已部署的 JTRS 电台全都可以通过无线信息网由软件完成升级。

在未来的军事通信中，JTRS 将在整个射频频谱空间全面连通 GIG 的所有通信网络，JTRS 将成为数字化战场环境中作战人员通信的主要手段。JTRS 计划包括地面移动电台(GMR)，手持式、背负式和小型插件式(HMS)电台，网络企业域(NED)、机载、海事和固定(AMF)电台以及多功能信息分发系统(MIDS)。

2. JTRS 功能特点

JTRS 是一种软件编程的多波段、多模式和网络化的无线电家族，其主要功能特点如下：

(1) 战术电台系列，从波形有限、低成本的终端到多频段多模式多信道、可网络互联的电台；

(2) 工作频谱为 2～3000 MHz，可传输话音、数据和图像；

(3) 协同工作，并可与现有电台互联互通；

(4) 具有开放的体系结构。

3. JTRS 的发展

目前，JTRS 已经发展成为美国 GIG 计划的核心项目之一，而其他几个主要西方国家都有类似于 JTRS 的计划。例如：法国的 Flexnet 计划使用了国际通用的网络波形，可以自主形成移动 Ad Hoc(无线自组网)，实现移动中的组网通信；欧洲防务局(EDA)的欧洲保密软件电台(ESSOR)计划重点研发无线保密通信和未来的软件定义无线电台要求。总之，软件无线电技术的应用越来越广，相关设备的数量也会越来越多。

由于软件定义的无线电台的广泛应用，将使这些灵活、功能可拓展的战术平台成为战场战术通信的核心节点，既能够满足现有电台终端所能提供的基础服务，还能提供中继组网服务，充当区域网络通信中心。

7.4.2　JTRS 网络能力

在战场上，JTRS 电台可以在横跨整个频谱空间连通所有通信网络，支持作战人员获取不同网络的信息。同时，JTRS 电台还是一种作战计算平台，不仅可以实时接收来自侦察无人装备的情报，而且可以通过 GPS 系统对敌实施轨迹追踪，更能够通过数据融合来展现全面的战争态势。因此，JTRS 电台集成了语音、数据、视频传输，赋予作战人员实时的态势感知能力，使其真正融入网络中。

软件定义无线电的提出是由战场通信供需关系驱动的，它旨在解决战场应用中可能出现的所有问题。因此，小型化、轻量化、低功耗永远都是战场对设计和研发提出的要求。

1. 网络能力要求

(1) GIG 战术网络。JTRS 系统能够无缝接入更高层网络，传输数据、话音、视频、图像等，其动中通能力可支持部队实现动态战术通信连接。

(2) 抗饱和网络。虽然 JTRS 网络带宽有限，但它实行自主组网、自治管理和自适应变化，可以满足信息武器系统更多数据、更多网络和更强管理的需求。

(3) 战术骨干网。JTRS 网络提供战场战术层骨干服务，可以汇聚多个移动的小型网络，并支持移动接入高层次网络。

(4) 互操作性。JTRS 提供互操作能力，然而互操作存在多样性，既是技术问题，也是作战问题。JTRS 系统实现通用波形，支持联合互操作。

(5) 未来作战。未来战场多由小规模、高机动、强战斗力的特种部队实施，依托 JTRS 移动通信和动态组网能力，保障作战人员先看到、先理解、先决策和先实施。

2. JTRS 网络波形

波形是信号在时间域里的连续反映，而在通信行业里，用术语"波形"来表示一组已知的特性，如频段(VHF、HF、UHF)、调制种类(FM、AM)等。在 JTRS 中，因为使用了开放性的通用标准和规范，所以 JTRS 波形是一种可重用的、可移植的、可运行的软件应用，它是独立于操作系统的。

JTRS 波形包含红黑两个区间，密级信息在红区，黑区是信息传输区。JTRS 除了兼容现役无线电波形外，还包括宽带网络波形(WNW)、士兵无线电波形(SRW)和联合机载战术边缘网络(JAN-TE)。实际应用时，JTRS 系统根据作战任务需要来下载和运行相关波形，并使用波形的无线功能进行通信。

7.4.3　JTRS 系统建设

在系统建设中，为了规范 JTRS 的顶层设计，美国定义了软件通信结构(SCA)的开放性系统结构，并逐渐发展成了国际商用标准。

1. JTRS 软件结构

JTRS 采用多层开放性软件结构，顶层描绘波形从输入到发射所需使用的功能及其数据流，功能通过 API(应用程序接口)与逻辑软件总线 CORBA(公共请求对象代理体系结构)接口。系统提供功能适配器以兼容非 CORBA 软件，其层次构造如下：

(1) CORBA 逻辑软件总线。JTRS 软件能在多种商用总线结构上运行，包括 PCI(外设部件互连标准)、VME(虚拟机环境)和以太网等。

(2) CORBA 服务。由于分布式中间标准件 CORBA 已经广泛商业应用，因此 JTRS 系统结构也采用了 CORBA 服务。

(3) JTRS 核心框架服务与应用。JTRS 核心框架提供一个分布式信息分发和运行环境，支持 CORBA 接口、资源管理、核心服务等。JTRS 软件应用可提供调制解调器数字处理、链路层协议处理、网络层协议处理、网络路由选择、输入/输出接口、安全保密处理和嵌入式共用功能。

(4) 操作系统。由于战场信息的时敏性，JTRS 使用了 Windows NT 中 Win32 API 的实时内核，以符合实时 CORBA 技术规范的需求。

(5) 网络接口服务。JTRS 软件使用通用串行接口和网络接口(包括 RS232、RS422 和以太网)。

综上所述，SCA 定义的通用运行环境可以使 JTRS 波形软件部署在多种无线电设备、平台和系统中运行。

2. JTRS 硬件结构

JTRS 硬件结构使用通用化、标准化、开放化的硬件模块，提供符合 JTRS 数字模块化规范的功能结构。

(1) 射频(RF)模块。以多种全双工和半双工模式工作，使用的 RF 频段范围为 2 MHz～2 GHz。每个信道包含一个功率放大与收发模块，可并行在四个波段工作。

(2) 调制解调器(Modem)。所有由 Modem 提供的波形、模式和特性都可通过系统控制重组，Modem 模块拥有从波形存储体选择应用波形的能力。

(3) 黑区和红区处理器。它们采用工业标准相同的 COTS(商用现成品或技术)单板计算机，以增加系统结构的开放性和灵活性。

(4) 多信道加密器。它提供多信道加密安全，包括用户数据和话音的加密/解密、链路加密/解密以及传输加密(TRANSEC)。

(5) 输入/输出。其接口包括射频、模拟和数字 I/O 端口。局域网(LAN)采用以太网控制接口，使用简单网络管理协议(SNMP)管理网络。

(6) 管理和协同。JTRS 无线电可并行运行四种波形，并作为任务计算机的对外接口。

7.5　对软件无线电技术发展的思考

软件无线电的概念一经提出，就得到了全世界的广泛关注。由于软件无线电具有灵活的功能和开放的架构，使其不仅在商业无线通信领域中获得重视，而且在电子战、雷达、信息化装备等军事领域也得到了拓展，反过来又极大地促进了软件无线电技术的进一步发展。

虽然充满想象的软件定义无线电思想打开了创新之门，然而除了思想被普遍接受以外，其他各方面的内容都在探讨之中，具体的定义和体系结构尚无定论。究其原因，主要有以下几方面。

1. 硬件水平限制了软件无线电的发展

由于不同的研究机构、不同的应用采用了不同的硬件设计折中方案，也就产生了各自不同的软件体系结构。

2. 软件无线电的研究尚处开始阶段

虽然需要深入研究的问题很多，但随着研究工作的持续深入，软件无线电问题才会逐渐清晰。

3. 传统的电子系统设计思想的影响

软件无线电与传统的体系结构有很大不同，仅仅简单地将传统的通信系统用新的方式实现是不够的。

可见，软件无线电的研究才刚刚开始，有许多问题需要解决，但它能给通信产业带来根本性的变革，同时还会带来巨大的经济效益和社会效益，因此值得我们努力去探究这些问题。

本 章 小 结

本章首先介绍了美军的地面无线通信网络，和前面所介绍的卫星通信一起构成了一体化的通信网络。这里再次强调通信网络的一体化，人为地分成卫星和地面完全是为了说明方便。它们自成体系，又相互融合，而且存在创新的契机。

其次，通过学习 JTRS 并思考 JTRS 系统，总结建设的三点启示如下：

(1) 体系一体化。JTRS 系统在工作频段、工作模式、工作波形、组网方式等几个方面涵盖了陆、海、空三军现有通信系统。由于 JTRS 具有软件可重编程性和硬件可配置性，使得它能够通过灵活的配置和良好的兼容性满足未来军事通信的需求，从通信上对三军 C^4ISR 系统一体化提供了有力保障。

(2) 技术到应用到规范。对软件无线电技术规范进行提炼和改造，争取使其成为工业标准，使该技术的研发可持续性得到保证。

(3) 良好的可维护性。JTRS 具有的模块化和可通用性将提高装备的可维护性，为装备保障自动化的实现提供了有力支持。

课 后 思 考

作业 1：针对美军的地面无线通信网络系统研究，需要把前面学习的卫星通信与其一起考虑，不仅要学精、学深，更要把握最新的技术发展，并加以创新应用。

要求：从中获取经验和教训，借以对自身未来的工作产生指导性的思路。

作业 2：外军和我军都在致力于 JTRS 系统建设，部队在这种大环境下能做的工作有哪些？

要求：结合部队的工作实际，谈论发展 JTRS 系统的可能性和必要性以及应采取的措施。

第8章　全球卫星导航系统

20世纪70年代，美国陆、海、空三军联合研制了新一代卫星定位系统GPS，主要目的是为陆海空三大领域提供实时、全天候和全球性的导航服务，并用于情报搜集、核爆监测和应急通信等一些军事目的。

8.1　GPS系统简介

8.1.1　GPS发展历程

1. 根源

GPS始于美国1964年开始使用的子午仪卫星定位系统(Transit)，该系统用5到6颗卫星组成的星网工作，只能提供用户两维信息(无高度信息)，况且定位精度也不高。但该系统的研发使美国对卫星定位取得了实践经验，验证了卫星系统定位的可行性。

2. 铺垫

由于子午仪系统显示出卫星定位在导航方面的巨大优越性和对潜艇、舰船导航方面的巨大缺陷，美国感到迫切需要一种新的卫星导航系统。为此，美海军提出了Tinmation全球定位网计划，并于试验卫星上试验了原子钟计时系统。与之相对应的美空军则提出了621-B计划，该计划以伪随机码(PRC)为基础传播卫星测距信号。

虽然这些计划最终停止了，但原子钟和伪随机码的成功运用为GPS取得成功奠定了坚实的基础。

3. 成型

美国海军和空军的计划过于复杂，而且费用过高，所以1973年被合二为一，由美国卫星导航定位联合计划局(JPO)牵头建设GPS计划。该方案将24颗工作星和3颗备用星工作在互成60度的6条轨道上。1994年，全球覆盖率高达98%的

GPS 系统建设完成。

4. 发展

为了保持在全球定位系统上的技术领先,应对中国北斗(BeiDou)、欧洲伽利略(Galileo)和俄罗斯格洛纳斯(GLONASS)系统的冲击,美国计划在 21 世纪 30 年代左右发射完成 32 颗三代卫星,GPSⅢ的目标是消除现有体系结构上存在的缺陷,确保可靠和安全地定位、测速和授时(PVT)信号,目前已经发射了 3 颗。据称,GPS三代卫星相对二代,定位精度提高了 3 倍,抗干扰能力提高了 8 倍。

8.1.2　GPS 系统性能

1. 组成

GPS 导航系统是以全球 24 颗定位人造卫星为基础,向全球各地全天候地提供三维位置、三维速度等信息的一种无线电导航定位系统。它由以下三部分构成:

(1) 地面控制部分,由主控站、地面天线、监测站及通信辅助系统组成。

(2) 空间部分,由 24 颗卫星组成,分布在 6 个轨道平面。

(3) 用户装置部分,由 GPS 接收机和卫星天线组成。民用的定位精度可达10 m 内。

2. 原理

当 GPS 卫星工作时,会不断地用伪随机码发射导航电文。GPS 系统使用的伪码一共有两种,分别是民用的 C/A 码和军用的 P(Y)码。C/A 码频率为 1.023 MHz,P 码频率为 10.23 MHz,而 Y 码是在 P 码的基础上形成的,保密性能更佳。

GPS 导航系统的基本原理是测量出已知位置的卫星到用户接收机之间的距离,然后综合多颗卫星的数据就可知道接收机的具体位置。其定位流程如下:

(1) 卫星的位置可以根据星载时钟所记录的时间在卫星星历中查出。

(2) 导航电文包括卫星星历、工作状况、时钟改正、电离层时延修正、大气折射修正等信息。导航电文每个主帧中包含 5 个子帧,每帧长 6 s,每 30 s 重复一次,每小时更新一次。

(3) 当用户接收到导航电文时,提取出卫星时间并将其与自己的时钟做对比,便可得知卫星与用户之间经历的时间。

(4) 用户到卫星的距离则通过记录卫星信号传播到用户所经历的时间,再将其乘以光速得到(由于大气中电离层的干扰,这一距离并不是用户与卫星之间的真实距离,而是伪距)。

(5) 利用导航电文中的卫星星历数据推算出卫星发射电文时所处位置，便可得知用户在 WGS-84 大地坐标系中的位置速度等信息。

8.2　GPS 在军事中的应用

8.2.1　GPS 性能特点

GPS 是星基全球无线电导航系统，它可为从地面到临近空间的、全球范围内的载体提供全天候、连续、实时、高精度的三维位置、三维速度以及时间信息。该系统为军民两用系统，目前军、民用定位精度一样，都为 10 m。

实际上，GPS 系统就是美国军用系统，按照美国导航战的战略，一旦美国发现使用 GPS 可能有害或侵犯美国利益时，美国会立即改变密码，禁止别国使用 GPS。一旦国际政治需要，美国可随时切断向某个国家发送的信号，使这个国家的飞机、舰船等陷于瘫痪。一旦战争需要，美国可以对战场区域内抑制民用信号，如施放干扰和恢复 SA(可用性选择)手段，拒绝敌方使用 GPS 的所有功能。

8.2.2　军事应用领域

在信息化时代，GPS 已成为高技术战争的重要支持系统。它极大地提高了美军的指挥控制、多军兵种协同作战和快速反应能力，大幅度地提高了武器装备的打击精度和效能。

具体来说，GPS 在军事上的应用主要有以下几个方面：

(1) 全时域的自主导航。GPS 可以利用接收终端向用户提供位置、时间信息，也可结合电子地图进行移动平台航迹显示、行驶线路规划和行驶时间估算，从而大大提高部队的机动作战和快速反应能力。

(2) 各种作战平台的指挥监控。GPS 的导航定位可以与其他通信方式有机结合，将目标的位置信息传送至指挥中心，完成目标动态可视化和指挥指令的发送，实现战区内所有目标的指挥监控。

(3) 精确制导和打击效果评估。GPS 制导已成为精确制导武器的重要制导方式，在近几次高技术局部战争中，美军就大量使用了 GPS 精确制导导弹和炸弹。GPS 还可以对打击目标命中率进行评估，其评估效果已在伊拉克战争中得到了充分检验。

(4) 单兵作战系统保障。GPS 可为单兵提供位置信息和时间信息服务，同时可将单兵的位置信息实时动态传送到指挥机构，并及时向单兵发送各种指令，提高单兵作战和机动能力。

(5) 军用通信网络授时。GPS 可为军用通信网络提供统一的时标信息，从而使通信网络时间同步，保证网络中的所有设备工作于同一时间标准上。

8.2.3　技术发展现状

1. GPS 星座升级

美国对 GPS 卫星进行改造，陆续增加了三种新的信号：一是只供军用的 M 码，加载在 L1 和 L2 载波上，有助于确保美军战时导航不受干扰；二是将 C/A 码加载在 L2 载波上，原来加载在 L1 载波上的 C/A 码则继续保留；三是 L5 码，用作生命安全信号，仅供民用。

为满足未来对卫星导航的需求。美国还对 GPS Ⅲ 的结构体系与需求进行研究，提出了第三代 GPS 计划。该计划完成后，GPS 将提供水平 0.5 m、垂直 1.2 m 的定位与导航精度，授时精度 1.3 ns，具有灵活的信号功率分配能力，并提供高达 20 dB 的区域增强能力，星与星、地间通信能力达到 100 Mb/s。

2. 提高接收机技术

(1) GPS 接收机应用组件(GRAM)。GRAM 是一种采用开放式系统结构的标准电子插件，能灵活地变换系统中的元件。可将其加在各种平台和武器中，以减少非标准的接口、定义来确保安全性和互通性。

(2) 选择可用性反欺骗模块(SAASM)。SAASM 安全模块用于保护保密的 GPS 算法、数据和校准，该模块可以提高 GPS 系统的安全性，使 GPS 接收机更容易维护，成本更低。

(3) 时间/空间抗干扰接收机(G-STAR)系统。该系统用于解决 GPS 接收机信号弱、易受干扰等问题，它可以将输入信号转为瞬时频率，而瞬时频率被送入能减少或消除干扰的射束形成器中，并在此进行 A/D 转换，转换后的数据随后被送入完全信息化的 GPS 接收机。

3. 实施导航战策略

美国非常重视导航战的研究，要求采取有效的技术和战术措施，防止敌人有效使用 GPS 系统并利用该系统进行对抗，保证己方能有效地利用 GPS 系统打击敌人，并保障战区外民用用户有效地使用 GPS 系统。

美国解决此问题的思路是增强抗干扰能力和改进安全性能，使敌方无法使用 GPS 系统，主要采用了提高功率、保护密码和在信号中嵌入数据等技术手段。需要特别注意的是，由于 GPS 接收机采用了可控接收方式天线(CRPA)天线技术，能在卫星方向上形成电子天线束，既增强了抗干扰能力，又使信号功率增益增大。

4. 加大精确制导应用

阿富汗战争、南斯拉夫冲突证实制导武器已经成为武器发展的趋势，而且与激光、电视、红外等导引方式相比，GPS 制导不受气候条件约束，成本低，适合大批量装备。另外，现代武器系统还可以采用 GPS、红外、激光等组合导引方式，进一步提高攻击精度。比如：惯性＋GPS＋红外的 AGM84H 空对地导弹、惯性＋GPS＋毫米波雷达的"阿帕奇"空对地导弹；CPS/INS 的 MK45 舰炮炮弹、激光＋GPS/INS 的 GBU-24E/B 制导炸弹、GPS＋惯性的"复仇者"机动防空导弹系统，以及加装 GPS/INS 的小型 Mk82、中型 Mk83、大型 Mk84、BLU 109B 钻地炸弹等常规炸弹构成的联合制导攻击武器(JDAM)。

8.3　中国北斗卫星导航系统

北斗卫星导航系统(BeiDou Navigation Satellite System，BDS)是我国自主研发、独立运行的全球卫星导航系统，其发展的关键时间点是与国际形势发展密切相关的，如图 8-1 所示。

8.3.1　北斗卫星导航系统的发展

我国的卫星导航系统建设和发展一波三折，其实早在 20 世纪 60 年代，我国就已经开始探索和发展拥有自主知识产权的卫星导航系统。到 70 年代后期，结合当时的国情，陆续提出了单星、双星、三星和 3～5 星的区域性系统方案和导航定位与通信等综合应用问题，但是由于诸多因素，这些方案和设想都最终夭折了。

随着国家综合实力的提高和第一次海湾战争的冲击，直到 20 世纪 90 年代，我国才真正科学、合理地启动了北斗卫星导航系统建设的"三步走"规划。

第一步是试验阶段,利用 2～3 颗地球同步静止轨道卫星来完成相关试验工作，为北斗卫星导航系统建设积累技术经验、培养人才，研制一些地面应用基础设施设备等(即"北斗一号"实验系统)；

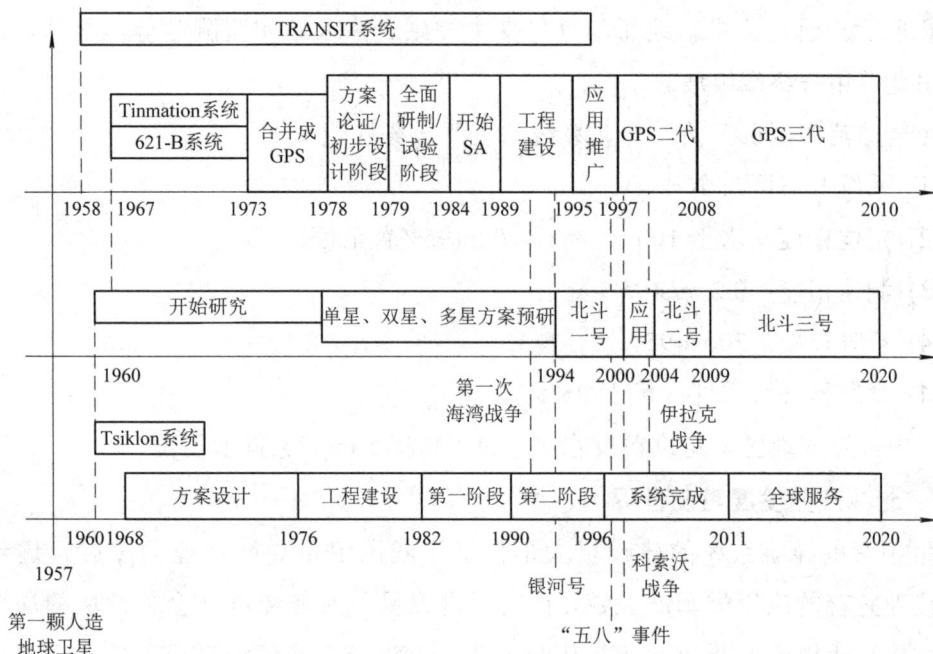

图 8-1　北斗卫星导航系统发展时间图

第二步是区域导航阶段，2012 年，利用 10 多颗卫星建成覆盖亚太区域的北斗卫星导航定位系统(即"北斗二号"区域系统)；

第三步是全球导航阶段，2020 年，建成由 5 颗静止轨道和 30 颗非静止轨道卫星组网而成的全球卫星导航系统(即"北斗三号"全球系统)。

北斗卫星导航系统建设目标是建成独立自主、开放兼容、技术先进、稳定可靠、覆盖全球的导航系统。

8.3.2　北斗卫星导航系统的现状

1. 北斗已经开启全球时代

我国的北斗卫星导航系统同美国 GPS、俄罗斯格洛纳斯系统、欧洲伽利略定位系统一起被联合国认定为全球卫星导航系统的四大核心供应商。

北斗卫星导航系统的发展就是我国自力更生、艰苦奋斗、不断摸索前行的写照。自启动研制以来，我国稳扎稳打，实施了北斗一号到三号的阶段建设，先有源后无源，先亚太后全球，走出了一条具有中国特色的卫星导航系统建设道路，为中国人闯出了一条导航发展之路。2020 年北斗卫星导航系统正式开启全球时代。

2. 北斗提供优质的位置服务

北斗卫星导航系统由空间、地面和用户三部分组成。空间部分包括静止轨道卫星和非静止轨道卫星。地面部分包括主控站、注入站和监测站等地面站。用户部分由北斗用户终端组成。

经全球范围测试评估，北斗系统的主要服务性能如下：

(1) 系统服务区：全球。

(2) 定位精度：水平 10 m、高程 10 m(95%置信度)。

(3) 测速精度：0.2 m/s(95%置信度)。

(4) 授时精度：20 ns(95%置信度)。

(4) 系统服务可用性：优于 95%。

其中，亚太地区，定位精度水平 5 m、高程 5 m(95%置信度)。

3. 北斗产业发展惠及世界

北斗卫星导航系统的建设极大地促进了我国卫星导航产业的发展，逐步形成了较为完善的应用配套产业链，正在促进卫星导航在经济社会各领域的深度应用。一是产业规模不断壮大。其从业企业、人员众多，已经形成了珠三角、长三角、华中、北京和四川等产业区，正在大力发展芯片等支撑技术。二是应用领域不断拓展。交通运输、海洋渔业等传统应用领域继续深化，北斗导航已经在大部分营运车辆、邮政和快递车辆、公交车、内河导航、海上导航中得到应用。另外，北斗高精度形变监测系统、智能手机、智能驾驶汽车等新兴领域正在拓展。三是实现国际化。北斗已服务于我国周边国家且取得良好效果，并加大了与多个国际组织的合作。

全球服务是北斗导航发展的新起点。目前，北斗正在朝着下一个目标前行，预计到 2035 年，北斗将建成智能化的定位导航授时(PNT)体系，届时，北斗将以更好的性能服务全球。

8.3.3　提升我国军事实力的作用

1. 作战力量不可或缺的支撑

卫星导航可为各种军事运载体导航。例如，为弹道导弹、巡航导弹、空地导弹、制导炸弹等各种精确打击武器制导，可使武器的命中率大为提高，武器威力显著增长。武器毁伤力大约与武器命中精度(指命中误差的倒数)的 3/2 次方成正比，与弹头 TNT 当量的 1/2 次方成正比。因此，命中精度提高 2 倍，相当于弹头 TNT 当量提高 8 倍。提高远程打击武器的制导精度，可使攻击武器的数量大为减少。

借助全球导航定位系统，战斗机、轰炸机、侦察机和特种作战飞机可以全天候准确无误地执行任务，坦克编队可在没有特征的沙漠地带完成精确的机动，扫雷行动能够准确测定布雷位置以便将其摧毁，给养运输车能在沙漠中发现作战人员并为其提供补给，特别行动直升机与攻击直升机能够协同作战。全球导航定位系统还使空中加油机与需要加油的作战飞机能够更快地相互找到对方。

2. 共同构成协同作战指挥体系

现代军事行动对卫星的依赖已达到空前的程度，从侦察、预警、遥感、监视到天气预报、指挥通信、精确制导等都与卫星密不可分。除大量使用侦察卫星、预警卫星和通信卫星外，导航定位卫星一直发挥着巨大的作用。

从作战指挥角度看，现今的作战指挥与历史上的作战指挥活动并无本质不同，都是指挥员运用兵力在一定的空间和时间内达成一定目的的活动。在作战中，对兵力兵器时间和空间位置的定位与控制是完成作战任务的基本前提。在科学技术不发达的时代，这是一个相当大的难题，战争史上士兵迷失方向、找错队伍、机动失误等现象屡见不鲜。而全球导航定位系统的建立从根本上杜绝了这一现象。

卫星导航可完成各种需要精确定位与时间信息的战术操作，如布雷、扫雷、目标截获、全天候空投、空中支援、协调轰炸、搜索与救援、无人驾驶机的控制与回收、火炮观察员的定位、炮兵快速布阵以及军用地图快速测绘等。卫星导航可用于靶场高动态武器的跟踪和精确弹道测量以及时间统一勤务的建立与保持。

当今世界正面临一场新军事革命，电子战、信息战及远程作战成为新军事理论的主要内容。导航卫星系统作为一个功能强大的军事传感器，已经成为天战、远程作战、导弹战、电子战、信息战的重要武器，并且敌我双方对控制导航作战权的斗争将发展成为导航战。谁拥有先进的导航卫星系统，谁就在很大程度上掌握未来战场的主动权。

8.4　北斗卫星导航系统的部队应用

8.4.1　关注任务需求与北斗的关联

自北斗系统运行以来，可靠性高，工作状态良好，及时提供了导航定位、数字短信及精确授时服务，目前应用已经覆盖了水利电力、海洋渔业、交通运输、国土测绘、气象预报、减灾救灾和公共安全等领域。在部队应用中，除了上述关于卫星导航系统的应用外，还必须结合部队执行任务的特点来发挥北斗的优势。

1. 灾情监测方面，全天候通报灾情发生并有效预防

经历了种种地质、气象、海洋、环境等自然灾害，以及人为引起的事故、事件等非自然灾害后，我国深刻地认识到防灾信息化建设在应急过程中的极端重要性。在国家灾情监测网络的基础上，针对使命任务，部队必须建立适合自身工作特点的灾情监测网络，一方面便于部队快速反应，及时实施预防措施，另一方面整合现有监测系统资源，相互协同、相互弥补，共同打造能够覆盖全国的安全监测网络。

在灾情监测方面，要求部队灾情监测网络能够满足：

(1) 与多种类型的监测传感网络协同工作、接口性能标准。

(2) 快速对发生的事件进行定位。

(3) 及时、准确地收集、处理、分析、传递有关灾害信息，全天候保障信息畅通。

(4) 准确按照指令调整传感网络，以获得动态信息。

2. 指挥控制方面，高效进行部队指挥和战场管理

指挥控制网络是部队提高保障公共安全和处置突发公共事件的能力，最大限度地预防和减少突发公共事件及其造成的损害，保障公众的生命财产安全，维护国家安全和社会稳定，促进经济社会全面、协调、可持续发展；采用现代信息等先进技术，建立集通信、指挥和调度于一体，高度智能化的指挥控制系统；构建一个平战结合、预防为主的指挥控制平台；实现公共安全从被动应付型向主动保障型转型，全面提升部队管理水平。

在指挥控制方面，要求部队指挥控制网络能够满足：

(1) 全面获取安全事件的相关信息，对事件进行整体评估，为决策提供依据。

(2) 将决策及时传递给部队，并根据事件的发展和部队的状态调整决策。

(3) 提供参与者统一的地图信息、时间信息和位置信息，便于整体的指挥和调控。

(4) 根据决定，能够将情况直接传递给需要者，将战场指挥权交给执行者，减少中间环节，提高速度。

3. 执行任务方面，快速定位和导航，缩短反应时间

部队执行任务，先一秒到达现场，就能把握先机；快一步展开处置，就能多几分胜算。其次，在新形势下，传统安全威胁和非传统安全威胁发生的时间、地点、样式具有很大的不确定性，发展走势充满变数，往往难以预测，突发性非常强。部队处于执勤、处突、反恐的第一线，遇有情况必须马上出动，对部队快速反应能力的要求非常高。另外，在执行一些重大任务时，往往需要地方、公安甚至诸军兵种多种力量、多个部门联合行动，协调环节多，协同行动复杂、难度大。

在执行任务方面，要求部队执行任务网络能够满足：

(1) 快速自身定位，并能够将自身的位置信息及时传递给指挥控制网络。

(2) 能够可靠地接受指令，将部队情况及时反馈给指挥控制网络。

(3) 了解目标位置，便于规划先进路线，减少中途消耗时间。

(4) 可以接管战场指挥权，充分掌握战场情况，及时做出临时性调整。

4. 应急救援方面，准确了解灾情并及时到达灾情地点

部队参与处置突发事件正成为当今时代发展趋势。部队集结出击迅速，特别是部队储运系统覆盖面广、反应速度快，在弥补国家应急物资储备、运输工具资源不足、布点不均等方面作用突出。而部队主要遂行各种应急救援任务，积极参加以抢救人员生命为主的危险化学品泄漏、道路交通事故、地震及其次生灾害、建筑坍塌、重大安全生产事故、空难、爆炸及恐怖事件和群众遇险事件的救援，参与配合处置水旱灾害、气象灾害、地质灾害和森林火灾等各种自然灾害。

在应急救援方面，要求部队应急救援网络能够满足：

(1) 通信无工作盲区，或者比较容易地克服工作盲区的影响，保障通信的畅通性。

(2) 工作环境可能会很恶劣，必须具备强的环境抵抗力，保证可靠工作。

(3) 能够双向通信，保证政令畅通。

(4) 能够快速定位，及时反馈位置信息。

5. 后勤保障方面，全面调度和掌握后勤供应

高度立体化的作战战场，要求后勤建立从平面到立体，从内层空间到外层空间，从前方到后方的快速、有效的保障网络。后勤保障空间的扩大，对组织指挥、协调、保障手段等提出了更高的要求。其次是后勤保障的任务更加繁重，对后勤物资筹措、储备管理、运输补给以及修理等都带来了很大的困难。

在后勤保障方面，要求部队后勤保障网络能够满足：

(1) 装备的定位，便于指挥系统的调度和控制。

(2) 重要物资的监控，提高运输、储存的安全性。

(3) 通用性好，强调多种设备的无缝连接。

(4) 提升部队的空间保障能力，拓展保障范围。

8.4.2　北斗导航系统应用的着眼点

北斗系统本身的技术特点使其在行业应用方面具备一定的优势：

1. 快速安全定位

北斗系统能够提供两种定位方式：一种是被动接收计算模式，这种模式与 GPS 定位方法相同；另一种是主从请求响应模式，即用户首先使用北斗用户机发出定位请求，北斗卫星地面控制中心在接收到用户请求后对用户机位置进行计算，然后再通过卫星转发到用户机。

北斗系统的知识产权完全为我国所有，系统运行维护不受国际环境变化的影响；具有很好的加密功能，可以有效保障用户关键业务数据在处理、存储、传输过程中的安全性。

2. 双向短信通信

北斗系统的快速短信通信功能采用主从请求响应模式，用户首先使用用户机发起通信请求(含通信电文内容)，地面控制中心在完成必要的认证后对通信报文进行转发处理。此外，北斗系统提供的通信功能是双向的，用户机既可以发送短信也可以接收短信。双向短信通信功能非常适合用户对数据较少业务的应用。

北斗系统的定位、通信与授时在同一信道完成，报文数据包为可变长度数据帧，可以有效满足通信信息量较小而即时性要求很高的各类型用户应用系统的要求。

3. 多用户并发处理

北斗系统采用码分多址的调制工作方式，系统支持在同一时间段内多个用户并发服务申请，即多个用户可以在同一时刻发起服务申请并获得系统响应。这一系统特点非常适合用户对数据集中并发的要求，例如对战场数据的自动采集控制系统，其设定的定时报通常是在整点时刻集中统一发送信息，届时将有多个用户同时发送数据。

北斗系统可以根据不同用户通信频度分别设定服务等级，以节省和优化利用北斗系统的资源。目前在网用户的应用实践，证明北斗系统能有效保证用户通信请求等业务的传输、处理的时效性。北斗系统采用的入站方式为随机突发的技术体制，系统的处理能力可以满足大量用户短时间内突发数据的业务处理需求。

4. 集中信息处理

北斗系统的通信服务申请都会首先汇集到北斗卫星地面控制中心，由系统控制中心进行集中信息处理，这意味着前端用户的位置信息以及通信电文全都汇集到系统控制中心。利用该特点，用户监控中心只需要建立与系统控制中心之间的通信链路，就可以直接获取前端用户的所有信息，而不需要经过卫星转发接收，不仅节约了系统卫星资源，也缩短了信息转发的延时。

北斗系统同时具备定位、通信和授时功能，无需其他通信系统的支持，这是目前已广泛应用的国外各卫星定位导航系统所不具备的特点。这很适合集团用户大范围监控管理和通信不发达地区数据采集传输应用，对于信息及时性和安全性要求高的应用部门，北斗系统的优势更为明显。

5. 全天候工作

北斗系统的前端用户机采用 L、S 波段作为其发射和接收工作波段，而北斗卫星地面控制中心采用 C 波段作为其发射和接收工作波段，整个系统的工作完全不会遭受那些工作在 Ku 波段卫星系统经历的因雨雪天气所带来的雨衰影响，确保系统全天候工作。雨衰特性对某些卫星通信系统的影响，在诸如水利水电部门的卫星水情自动测报系统中是不可忍受的，在强降雨情况下，对水文数据的搜集处理往往是最关键的。

北斗终端设备采用集成化、模块化设计，体积不大，采用全向天线，较易于安装。终端功放模块能确保终端发射时的整机功耗控制在几十瓦量级，由于发射持续的时间在毫秒级，发射瞬间产生的功耗比较低，北斗终端待机时的平均功耗可以控制在几瓦以内。因此，北斗终端设备非常适用于车载供电环境和无人值守的野外工作环境。

8.4.3　北斗系统应用建议

对北斗系统应用有如下建议：

(1) 在部队中应用北斗系统需要借鉴"示范性、规模性、普及性"三步走战略，学习北斗系统的发展经验。

北斗的应用是北斗导航系统的灵魂，只有加大应用的力度，才能进一步促进北斗的发展。特别是随着"北斗三号"的组网成功，北斗系统在部队的应用将面临着空前的机遇，也将面临新的挑战。国家对北斗系统的支持将会给部队创造巨大的发展空间，部队可以基于这一点，大力进行信息化建设，提高部队战斗力。

(2) "他山之石，可以攻玉"，借鉴国外卫星导航系统发展的经验和教训，加快北斗系统的应用化。

GPS、GLONASS 等卫星导航系统都已经经历相当长的发展和应用时期，走了许多弯路，也总结了很多经验，通过预先的研究和结合部队的实际，整合现有资源，发挥部队应用北斗的主渠道作用。

(3) 只有合适的技术，没有落后的技术。不能因为北斗系统的引入而忽视已经取得的成果。

北斗系统是一种技术、新的技术手段，在其之前部队已经或多或少地进行了信息化建设工作，北斗系统的出现，只是使信息化建设工作变得更直接、更简捷，它最大的特点就是定位和通信共存，这样使其在整个网络中成为一个节点，而不是像 GPS 系统仅是一个末端或节点的辅助。

本 章 小 结

正如每一次大的技术进步总是深刻影响人类生活、加速人类文明进程一样，北斗系统的应用也将改变我们的生活。

鉴于信息化是目前部队现代化建设的最薄弱的环节，部队正在积极解决最关键环节的数字化通信与精确定位问题。为此，北斗系统必将更加广泛地应用于军事上。北斗系统的正式运营，将形成陆、海、空、天四位一体的信息化作战能力，大大提高部队的战斗力。

以北斗在部队的应用为契机，任务为牵引，必然会成为部队战斗力新的增长点。

课 后 思 考

作业：查阅相关资料分析以下两个问题。

(1) 北斗卫星导航技术在我国的军事应用；

(2) 我们周边的导航系统。

要求：从现象中抓住发展动向，强化自身对于信息的把握程度，培养自身良好的学习习惯和品质。

第四部分　新型作战力量

　　新型作战力量是现代战争的生力军，代表着军事技术和作战方式的最新发展趋势，它是一个时代军事发展的风向标。

　　作为军事发展领域的新事物，新型作战力量总是具有传统作战力量不可比拟的优越性，也预示着新的军事变革。发展新型作战力量关乎国家安全战略全局，在军事竞争和战争中有着举足轻重的作用。为掌握未来战争的主动权，欧美国家正在大力发展以无人机、单兵作战为代表的新型作战力量。

　　如何客观分析世界主要国家新型作战力量现状，预测新型作战力量建设发展趋势，为我军发展新型作战力量提供借鉴，是当前国防建设和军事领域必须关注的问题。尤其要从历史中领悟到发展的智慧，从他国实践中吸收发展营养。

第 9 章　无人机系统

无人机是利用无线电遥控设备和机载控制系统进行飞行操作和控制的无人飞行器，结构简单、实施成本低，不仅能够完成传统意义上的有人飞机的任务，更适合于一些对人员有伤害而无法参与的场合。特别是在突发事件应急、预警方面有很大的作用。

2014 年，在云南鲁甸 6.5 级地震后的地质灾害评估工作中，部队首次从真正意义上将无人机装备运用于抗震一线。依靠无人机拍摄的震区影像，为国家合理调配力量、确定灾害重点、规划救援路径、保障通信畅通、搜救转移群众提供了有效的决策参考。

2019 年年底新冠疫情爆发，无人机作为智能无人化工作的代表，具有高效无休的工作能力、零接触的工作特点，成为阻断疫情传播的防控利器，在安防巡检、消杀作业、物流配送、宣传喊话、照明测温、农业植保等方面发挥了重要的作用。

9.1　无人机系统简介

无人机(Unmanned Aerial Vehicle，UAV)是国际上通用的无人驾驶飞机的术语，它是一种有动力驱动的无人驾驶的航空器。

1. 系统组成与功能

无人机系统由机动载体平台、任务功能需求、数据链通信、指挥与控制、发射与回收、保障与维修等分系统组成，各分系统组成和功能如下：

(1) 机动载体平台分系统：包括航空器本身、动力装置、飞行控制与导航等。机动载体平台分系统实质就是执行任务的飞行载体。

(2) 任务需求功能分系统：根据所完成的任务而需要加装的功能模块，如通信中继设备、信息干扰设备、武器装备等。

(3) 数据链通信分系统：就是无人机自身的通信系统，与加装的通信功能模块无关。该分系统既可实现对无人机的遥控，又可向操控中心提供飞行状态参数。

(4) 指挥与控制分系统：无人机的机载控制中心，协助完成地面指挥、自动飞行计划、功能模块数据下载、状态监视和操纵控制以及数据传输等任务。

(5) 发射与回收分系统：与完成无人机的发射(起飞)和回收(着陆)任务相关的所有机上和地面设备、地面设施等。

(6) 保障与维修分系统：主要是在地面检测或维修中心完成无人机系统的日常维护以及无人机的状态测试和维修等工作。

2. 军事作用和地位

近几次局部信息化战争中无人机的突出表现，引起了全世界各国军方的高度重视，已成为现代武器装备体系的组成部分，在侦察监测、信息对抗和火力打击等战术实施方面发挥着重要作用。

在现代战场上，无人机的优势主要体现在以下几个方面：

(1) 不受疲劳等人为因素影响，可连续动力中继，长时间执行空中任务。

(2) 可进入任何战场环境执行任务，特别是核、生、化等危险污染环境。

(3) 人员零伤亡，装备可自毁，不会因此而造成国际政治、外交和军事方面的恶性事件。

(4) 外形可大可小，大型飞机航程更远，具备更大的载荷，完成更多的任务；小型飞机的隐身和机动性更好，适用于复杂区域侦测。

(5) 整机装备全寿命周期时间长、损耗费用小、作战效能高。

(6) 在侦测和通信中继方面，具有比卫星更好的实时性、针对性和灵活性。

正是因为无人机的这些突出特点，使其成为以下方面的重要支撑。

1) 夺取信息主导

无人机能够实时获取战场信息，为作战指挥提供实时的数据服务，可以对战场进行多维度、全频域、不间断、精细准的态势感知。无人机能够组成纵向从低空到地球临近空间，横向覆盖战场空间的通信、导航和定位的战场网络，构成灵活机动、多层一体的综合信息支持体系，提高了协同作战指挥的效率。

2) 战场信息对抗

信息对抗是指对敌方实施电子干扰、电子欺骗、电子诱饵、网络攻击和反辐射摧毁。多样化的无人机系统能够满足战略、战役、战术等多目标的信息对抗的需要，能够提供实施干扰、精确打击等不同类型的信息对抗手段，实现对敌方信息系统全方位的信息攻击。

3) 多位一体作战

作为一种作战武器装备平台，无人机具备多种作战能力，正在成为空中作战的重要力量。高技术信息化战争使用精确制导武器的比重越来越大，无人机既可作为通信节点协调力量对敌实施打击，又可为地面和海上制导武器指示目标以及实施位置校正。另外，无人机还可以执行救援、管理和防御等任务。

3. 无人机系统的分类

从 UAV 的英文字面上讲，无人机可以是气球系统、遥控飞机系统，也可以是导弹，其外形五花八门。因此，无人机可以从功能、大小、航速、航程、升限、续航等角度进行分类。

1) 按功能分类

按功能分类，无人机可以分为军用无人机和民用无人机两大类。军用无人机又可分为信息支援、信息对抗和火力打击三大类，其中，信息支援类无人机包括侦察监视、信号情报、目标指示、毁伤评估、预警探测、地形测绘、核生化/辐射和爆炸物侦测、水文监测、气象探测、作战搜索救援、通信中继、信息组网等类型无人机，信息对抗类无人机包括电子侦察、电子防护、电子攻击、网络战、诱饵/欺骗、心理战等类型无人机，火力打击类无人机包括目标打击、对地攻击、制空作战、反潜/反舰、地雷/水雷探测、反水雷、防空反导等类型无人机。民用无人机又可分为检测巡视、通信中继和遥感绘制三大类。其中，检测巡视类无人机包括气象监测、灾害监测、环境监测、电力线路和石油管路巡视等类型无人机；通信中继类无人机包括通信中继、组网类无人机；遥感绘制类无人机包括海洋、地质遥感遥测、地形测绘、矿藏勘测等类型无人机。

2) 按大小分类

按大小分类，无人机可以分为微型无人机、小型无人机、中型无人机和大型无人机。微型无人机质量一般小于 1 kg，尺寸在 15 cm 以内；小型无人机质量一般为 1～100 kg；中型无人机质量一般为 100～1000 kg；大型无人机质量一般大于1000 kg。

3) 按航速分类

按航速分类，无人机可以分为低速无人机、亚音速无人机、跨音速无人机、超音速无人机和高超音速无人机。低速无人机速度一般小于 0.3 Ma，亚音速无人机速度一般为 0.3～0.7 Ma，跨音速无人机速度一般为 0.7～1.2 Ma，超音速无人机速度一般为 1.2～5 Ma，高超音速无人机速度一般大于 5 Ma。

4) 按航程分类

按航程分类，无人机可以分为超近程无人机、近程无人机、短程无人机、中程无人机和远程无人机。超近程无人机活动半径为 5～15 km，近程无人机活动半径为 15～50 km，短程无人机活动半径为 50～200 km，中程无人机活动半径为 200～800 km，远程无人机活动半径大于 800 km。

5) 按升限分类

按升限分类，无人机可以分为超低空无人机、低空无人机、中空无人机、高空无人机和超高空无人机。超低空无人机实用升限一般为 0～100 m，低空无人机实用升限一般为 100～1000 m，中空无人机实用升限一般为 1000～7000 m，高空无人机实用升限一般为 7000～20000 m，超高空无人机实用升限一般大于 20 000 m。

6) 按续航分类

按续航分类，无人机可以分为普通无人机和长航时无人机。普通无人机续航时间小于 24 h，长航时无人机续航时间大于或等于 24 h。

9.2 无人机的发展

虽然最早出现的航空器就是无人驾驶，但由于受到当时技术的限制，早期无人机发展很慢，直到 20 世纪 60 年代，由于战争的牵引无人机才开始发展，到 20 世纪 90 年代，由于技术的推动，无人机开始加速发展，目前，无人机已经进入了飞速发展时期。

1. 战争的牵引作用

冷战期间，由于间谍卫星的不足，高空侦察机(如我们熟知的 U2)是美苏相互刺探的主要手段。但横空出世的苏联地对空导弹，迫使美国提出了无人飞行器进行侦察的思路，并开始研制 D-21、AQM-34 照相侦察无人机。这种思想一直延续到越南战争中的 BQM-34 无人机上，功能也由照相侦察增加到实时影像、电子情报、电子对抗、实时通信、散发传单、战场毁伤评估等。越战结束后，无人机发展陷入低谷，直至贝卡谷地战争中以色列的无人机在侦察、干扰、诱敌方面取得了重要作用，无人机才再次被重视。

1991 年的海湾战争，无人机已经成为美军重要的武器装备，先锋(Pioneer)无人机系统为美军提供了高品质、近实时、全天候的侦察、监视、目标捕获、拦截和战场损害评估信息。之后的伊拉克战争，虽然无人机并未起到决定性的作用，但是美军认为无人机作为重要的武器系统，有极高的战略价值，要求指挥者必须思考无人机"能做什么"。科索沃战争参战的有"捕食者(Tier Ⅱ)""猎人(Hunter)""先锋""红隼""不死鸟""米拉奇 26"和"CL-289"等七种无人机。另外，两次车臣战争中，俄军也使用了无人机进行侦察和监视，获取了大量叛军资料，为俄军精确打击提供了信息参考。

2001 年的阿富汗战争中，美国的"捕食者"无人机在实战中实现了直接对导弹发射阵地进行攻击的先例，首次拓展了无人机的功能，验证了无人作战飞机的实战性。伊拉克战争中，美军使用了 10 种以上的无人机支援作战行动，实现了无人机与空中、地面武器系统的协同。

2020 年的纳卡冲突中，阿塞拜疆和亚美尼亚在战场上投放各型无人机，使这场冲突成为第一次大规模使用无人机的战争。

历次参战的无人机机型和完成的主要作战功能如表 9-1、表 9-2 所示。

表 9-1　历次参战的无人机机型

历次战争名称	参战的无人机机型
越南战争	AQM-34 "火蜂"、QH-50
第四次中东战争	BQM-74C "石鸡"多用途无人机
贝卡谷地空战	"猛犬"
1991 年海湾战争	"先锋""敢死蜂""指针"、MART、CL-289 等
1995 年科索沃战争	"捕食者""猎人""先锋""红隼""不死鸟"等
俄罗斯车臣战争	"蜜蜂"-1T、图-243
2001 年阿富汗战争	"捕食者""猎人""全球鹰"等
2003 年伊拉克战争	"捕食者"等十几种无人机
当前美、以的反恐行动	"捕食者""猎人""搜索者"
2020 年纳卡冲突	TB-2 察打一体无人机、"赫尔墨斯"长程侦察无人机、"哈洛普"自杀无人机、"搜索者"中程侦察无人机、"人造卫星"短程侦察无人机和阿塞拜疆改装的安-2 无人机

表 9-2　历次参战的无人机完成的主要作战功能

历次战争名称	主要作战功能					
	侦察	欺骗	干扰	监视	中继	对地攻击
越南战争	√					
第四次中东战争	√	√				
贝卡谷地空战	√	√	√			
1991 年海湾战争	√	√	√	√	√	
1995 年科索沃战争	√	√	√	√	√	
俄罗斯车臣战争	√			√		
2001 年阿富汗战争	√			√	√	√
2003 年伊拉克战争	√	√		√		√
当前美、以的反恐行动	√			√		√
2020 年纳卡冲突	√	√				√

2. 技术的推动作用

无人机的应用离不开现代科学技术的支撑,多种技术共同推动了其快速发展。主要表现如下:

(1) 航空技术是基础。无人机能够稳定可靠飞行,性能越来越稳定,这都是航空技术的应用结果。这些技术涵盖空气动力学、飞行动力学、航空结构与材料、发动机、飞行器设计、导航、制导与控制、电子电气等领域。在解决了无人机飞的问题以后,现代技术正在促进无人机的性能越来越好、可靠性越来越高、稳定性越来越强。

(2) 通信技术是内涵。无人机必须依靠地面控制站实现操控和飞行,上行通信实现对无人机的遥控,下行通信实现对无人机的遥测。现代通信技术的发展使得无人机数据通信向着高速、宽带、保密、抗截获、抗干扰能力强的方向发展,推动无人机实用化能力越来越强。

(3) 装备技术是外延。无人机通过装载不同的任务模块来实现不同的功能,光电、红外侦察设备实现侦察功能,通信中继设备实现通信中继功能,精确制导武器实现对目标的精确打击。因此,模块设备的种类越多、性能越高,无人机的用途也就越多,功能也就越强。

（4）高新技术是条件。自动控制技术将使无人机更加自动化、更加智能化；新材料技术和微机电技术将重新构建无人机系统平台；新能源技术将实现无人机超长时间巡航能力；高速率、高宽带、网络化的通信技术将实现无人机组网、互联互通互操作；云计算、传感器技术、数据融合技术将提升无人机计算平台的数据处理能力。

3. 发展现状与趋势

1）各国无人机应用现状

自 20 世纪 90 年代起，无人机在战争中的创新应用掀起了其发展的新高潮。由于无人机技术的限制不多，所以全球许多国家都将无人机发展置于重要地位，各国无不结合实际、突出自身特点发展无人机。目前全球有三分之一的国家拥有研制和发展无人机的能力，已经有上千种无人机系统投入到实际应用中。

美国占据着无人机发展的制高点。美国凭借雄厚的经济实力和先进的技术，研发出了一百多种无人机，构成了一个从远到近、从高到低、从大到小，可以满足各种作战需要的军用无人机体系。美国的军人无人机主要包括"龙眼(Dragon Eye)""扫描鹰(ScanEagle)""探路者(Pathfinder Raven)""影子-200(Shadow 200)""捕食者(Predator)""全球鹰(Global Hawk)"等固定翼无人机，"火力侦察兵(Fire Scout)""蜂鸟"等无人直升机，"鹰眼"倾转旋翼无人机、"鸬鹚"潜射无人机、X-47N 无人战斗机等。美国引领着无人机的发展，代表着无人机研制的发展水平。

以色列的无人机研发起步较早，在战术、长航时无人机研发方面具有优势，不仅研制水平处于世界前列，而且也是无人机系统装备与技术最大的输出国。以色列的无人机主要包括"侦察兵(Scout)""先锋(Pioneer)""搜索者(Searcher)""猎人(Hunter)""赫尔墨斯450(Hermes450)""苍鹭(Heron)""艾坦(EiTan)"等。

尽管经历了苏联分裂等困扰，但俄罗斯始终没有放松先进技术的开发和应用研究。作为航空大国的俄罗斯在无人机方面也有其独到之处，发展的无人机大多为中、小型战术无人机，如"R-90""图-141"无人机、"鳐鱼(SKAT)"无人作战飞机、"卡-137"无人直升机等。

欧洲各国不甘人后，为了缩短与美国和以色列在发展无人机领域的差距，奋起直追，大大加强了无人机的研制力度。法国、英国、德国、瑞典、意大利等国家先后启动了各类无人机项目，包括法国的"神经元"无人机，德国的远程、高空侦察"欧洲鹰"无人机，德国与西班牙的"梭鱼(Barrracuda)"无人机，英国的"大乌鸦(Corax)""守望者(WatchKeeper)"无人机，瑞典"高度先进研究布局(SHARC)"攻击型无人机和意大利的"天空-X(Sky X)"无人机。

亚洲国家和地区不断引进、开发中、小型无人机，加快无人机发展。日本、印度、韩国、巴基斯坦以及我国台湾都有自己的无人机，在近/短程战术无人机领域已经取得了一定的突破，并不断增加对无人机的投资。

2) 无人机技术发展趋势

随着新技术的快速发展和在实战中的广泛应用，无人机系统已经从空间无人飞行器扩展到临近空间无人飞行器，已经从单一的侦察监视领域进入信息对抗、通信中继、精确打击、制空作战等领域。未来的无人机系统将向自主控制、高生存力、高可靠性、互通互联互操作等方向发展，呈现出以下趋势：

(1) 战场针对化发展。美国国防部按照最新战争需要，在 2018 年的《无人系统综合路线图 2017—2042》中提到了 19 项关键技术，包括机器人技术、开放式体系架构、自主和建模仿真、机器学习、人工智能、尺寸重量与功耗/小型化技术、集群能力、增强现实、虚拟现实、传感器技术、防撞技术、引领/跟随技术等等。

(2) 外形两极化发展。一方面向新技术更密集、功能更全面、作战效率更高、覆盖面积更大、生存力更高、航行时间更长的大型无人机方向发展；另一方面，随着全球反恐、特种作战任务的需要，由于微小型无人机操作简便灵活，具有较强的机动性能和低空飞行优势，因此各国对微小型无人机的发展十分重视。

(3) 任务多样化发展。目前已经投入使用及正在发展的无人机系统覆盖了情报、监视与侦察、信息对抗、攻击和目标打击、压制敌方防空力量、海面封锁行动等 21 个任务领域，但随着无人机技术的发展和指挥控制的创新应用，无人机系统的任务领域和功能可能还需要进一步拓展。

(4) 太空临近化发展。临近空间是航天与航空的空间接合部，是航空技术与航天技术的交叉，也是一个大有作为的领域。特高空无人机等临近空间装备在对特定区域的持续广域侦察监视、通信中继、导航、电子战、导弹防御、空间对抗等方面有着独特的优势，是陆、海、空、天装备的重要补充力量，已成为世界武器装备发展的焦点领域。

总之，无人机技术能够蓬勃发展，一个重要的原因就是它能够不断与相关领域的高新技术融合和互动，不断开拓新的前沿领域。目前，特殊布局、变体机翼、先进主动流动控制、一体化设计、多电/全电飞机、射频综合、纳米复合材料、微机电、高超声速飞行与高超声速推进、智能蒙皮与智能结构、特种动力装置等一系列前沿技术正在不断产生新的重大突破，无人机发展必然更加迅猛。

4. 需要的关键技术

未来无人机将向更高、更快、更远、更机动、更高效的方向发展，其需要的主要关键技术有：

- 飞行平台技术(综合布局、气动、轻质结构、隐身)；
- 大尺寸复合材料、结构复合材料、抗紫外线材料、轻质材料、耐高温材料、智能材料等技术；
- 微机电技术；
- 先进的发射/回收技术；
- 武器装备的小型化、模块化、通用化和组合化技术；
- 飞行器隐身技术；
- 航空动力技术；
- 通信技术；
- 智能控制技术；
- 空域管理技术；
- 传感器技术；
- 信息处理技术。

5. 作战指控的影响

一是由于无人机具有良好的高空、低空、超低空性能，可以在任意地区进行空中侦察和打击，其作战区域将会在更广泛的空间展开。

二是由于无人机的参与，侦察与反侦察、干扰与反干扰将贯穿于战争全过程，争夺信息主动就会变得更复杂和更重要。

三是由于无人机的应用，战术、战役、战略的差别被模糊，作战中将无法有效区分主要方向和次要方向，防御作战的环境和技术难度将成倍增加。

四是无人机朝体积小、隐身的方向发展，如何尽早发现、拦截和打击无人机将面临新的技术难题。

五是无人机作为空中战争的多面手，既可作为杀伤性武器，也可作为防空武器。其应用将会推动无人机战法的形成。

六是无人机的驾驶员不仅是命令的执行者，而且也是战争的指挥者，因此对无人机驾驶人员的培养也就越来越迫切。

9.3 创新的无人机战术战法

成本是信息化装备无法回避的桎梏，也是未来无人机技术发展的主要基础。

1. 饱和式攻击重出江湖

据报道，美国海军拥有一种能够在1分钟内发射30架袖珍无人机的新型装备。这种装备发射的无人机能够像蝗虫群一样扑向敌人，因此被命名为"蝗虫"袖珍无人机群作战系统。

"蝗虫"系统在成本和保存有生力量这两方面兼而有之。该系统的英文名称为LOCUST，除有"蝗虫"之义外，还是Low Cost UAV Swarming Technology(低成本无人机群技术)的缩写。同造价昂贵的有人战机、巡航导弹、制导炸弹相比，"蝗虫"系统在拥有信息化系统各要素支持的同时，造价却远远低于前者。未来信息化战争打的不仅仅是高技术、高性能，拼的更是有限的成本和资源。

战争中，首先用"蝗虫"系统对机场、雷达站、弹药库等重要区域实施数个波次的饱和式攻击，通过数千架无人机的打击，一方面大量消耗对方的防空力量，另一方面暴露对方的防空火力；然后采用多种手段实现定点清理，以小代价零伤亡换取快速胜利。

2. 无人作战的新战争形态

从世界范围来看，无人作战系统已经开始大量装备，无人作战势必会对战争起到非常重大的影响，具体表现如下：

一是无人系统能够快速部署到人员无法涉足的危险、恶劣环境和空间中，长时间、高强度地遂行各种复杂、艰巨的作战和勤务保障任务。

二是无人作战平台与操控人员的分离，使指挥员指挥控制操纵人员更加直接，也使指挥员指挥控制前线的无人作战平台和配合无人作战行动的有人作战力量更加直接。

三是在无人作战领域中，无人机的发展最为迅速，同时取得的战争效果也最为直观和显著。

美军在中东地区的军事行动越来越多由无人机承担，并在阿富汗、伊拉克、也门、利比亚等多个国家和地区执行了"斩首"任务。2015 年，MQ-9"收割者"杀死了"伊斯兰国"的"圣战约翰(Jihadi John)"。2020 年 1 月，"收割者"无人机发射 4 枚"地狱火"导弹，击杀了伊朗将军苏莱马尼，同时还击杀了伊拉克亲伊朗武装组织副司令及多位伊拉克政府军军官。

2020 年 9 月的纳卡地区冲突中，阿塞拜疆对亚美尼亚的 S-300、"道尔"防空导弹，数以百计的 T-72 坦克、BMP-1/2 步兵战车、D30 火炮、火箭炮，以及工事甚至单兵展开攻击，令亚美尼亚损失惨重。

总之，战争在信息化较量中已由从量到质，再到质量并举。未来的信息化作战绝不是纸面上的你来我往，永远都是刀刀见血的实力比拼。

本 章 小 结

目前，军用无人机在全球市场中仍然占据主导地位，而商用无人机必将在未来几年里快速崛起。或许在今后的几十年里，无人机会像火车、飞机、汽车、农用拖拉机以及高铁一样成为人们生活中的一部分。

无人机的便利和低伤亡成本在 21 世纪改写了美军的作战方式与思维。由于无人机技术的成熟，可以克服地面距离带来的障碍，无人机的非军事用途近年出现了戏剧化攀升，正在成为军事装备发展的下一个焦点。

课 后 思 考

作业：查阅相关资料分析以下两个问题。

(1) 无人机技术在我国的军事应用；

(2) 无人机技术的民用。

要求：从现象中抓住发展动向，强化自身对于信息的把握程度，培养自身良好的学习习惯和品质。

第 10 章　全球士兵现代化

作为作战力量的最小单元，士兵的装备现代化对于提升部队的态势感知、杀伤、机动、生存和指挥控制至关重要。虽然各国军队都认可"人比装备重要"的理念，但也同时无法否认装备的重要性。

10.1　C⁴KISR 系统发展的历程和趋势

随着科技不断进步，军队的武器装备有了巨大的发展，同时也推动了指挥自动化系统(C^4KISR)的变革。

1. C⁴KISR 系统的发展历程

随着战争对指控系统的倚重，指挥自动化系统也由最初的 C^2、C^3、C^3I、C^4ISR，发展到今天的 C^4KISR(指挥、控制、通信、计算机、情报、杀伤、侦察与监视)系统大家族。C^4KISR 系统具备搜索并发现目标、跟踪与监视目标、识别目标、决策、持续识别、打击目标、战斗损伤评估等功能，这些功能构成了"指挥控制打击一条龙"服务。几次高技术局部战争证明，C^4KISR 系统是现代信息化战争的"神经中枢"，是争夺战场信息主导权的有力手段。

从历史发展的角度看，C^4KISR 系统的组成是随着军事技术和战争实践的发展而不断变化、不断丰富、不断拓展的，其发展和完善已经突破了人们对战争的传统认识，它代表着系统新思路和战争新趋势，支撑着以"网络为中心"的信息化战争。

2. C⁴KISR 系统的发展趋势

C^4KISR 系统的发展趋势如下：

(1) 向综合化、智能化方向发展。依托着系统组合"1+1＞2"的思想，为满足信息化战场体系对体系、系统对系统的作战需要，C^4KISR 系统将会增加更广泛的内容。

战场综合化就是把 C^4KISR 系统的范畴进一步扩展到反情报、联合信息管理以及信息战领域，不仅可以指挥控制我方的作战力量，而且还可以提供敌方指挥控制信息，真正实现了"知己知彼"式的全面信息共享，增强了"百战不殆"的信息作战能力。

智能化就是在应用层面上简化操作步骤，在硬件上做到"即插即用"，软件上"上下兼容"，将复杂的运算、繁复的操作、信息的甄别等工作交由系统处理，人员真正控制中心。

(2) 发展快速反应、抗毁生存等多种能力。一方面，随着信息技术的迅猛发展及其在军事领域中的广泛运用，使战争形态和作战方式发生了革命性变化，作为战场神经中枢的 C^4KISR 系统必然成为敌方的重点打击目标。另一方面 C^4KISR 系统自动化水平越高，脆弱环节也就越多。在敌方的重点打击下，抗毁和生存问题将更加突出，因此必须采取机动隐蔽、防护加固、冗余容错、抗干扰抗病毒等多种手段、多种方式提高抗毁和生存能力。另外，战争的突然性是常态，C^4KISR 系统必须提高对付突发事件的反应能力。必须拥有多层次、多手段的预警和侦察系统，提供准确情报，保证对作战命令和情报信息的迅速传送。

10.2　单兵 C^4ISR 系统

单兵系统是指单兵在战场环境中用于防护、战斗和通信的所有装备物品，包括头盔、服装、枪械、电台等装备。信息化战争中，由于单兵已经成为信息作战的关键环节，拥有多种能力，所以也可以将其看作一种"作战平台"系统。

1. 单兵 C^4ISR 系统发挥的作用

单兵 C^4ISR 系统即通常所说的单兵指挥、控制、通信、计算机、情报、侦察与监视系统，它是单兵系统的核心。单兵 C^4ISR 系统使人员和装备构成一个所谓的人机系统，这套系统不仅能够迅速、准确地处理信息，提供实时的战场态势依据，而且可以利用武器装备进行目标打击或实施信息对抗。单兵 C^4ISR 系统在现代战争中发挥着非常重要的作用，主要表现如下：

首先，信息化战场要求各作战单元，上至卫星下至士兵都能通过战场通信网络构成一体，使各单元和系统之间更好地协调和支持。从一体化的角度看，单兵 C^4ISR 系统是实现作战一体化的"最后一公里"。其次，单兵 C^4ISR 系统可以在复杂的环境下获得最直接的战场信息，可以实现全方位的情报侦察和实时信息传递，帮助指挥者迅速做出正确的决策。最后，作为战场网络的重要环节，单兵 C^4ISR 系统可以根据实时战场需求快速要求战斗支援或勤务支援，形成战斗合力并方便勤务保障。

总之，配备 C^4ISR 系统的单兵不再是孤立的个体，而是体系的一环，拥有更强的战斗力、更强的防护能力、更强的战场生存能力及更强的作战协同能力。

2. 单兵 C^4ISR 系统的通信性能

单兵 C^4ISR 系统目前主要由节点交换设备、无线入口单元、有线用户入口设备、各种数字用户终端以及系统控制、管理中心组成。各交换节点通过视距无线接力设备构成栅格状网络，各有线用户终端通过野战光缆或地缆与节点交换中心连通，各无线终端通过无线入口单元联入网络。

单兵 C^4ISR 系统可以利用低轨道卫星、同步轨道卫星以及空间和无人空中飞行器，建立不需要地面传输设备的移动用户通信系统，或以无人驾驶空中飞行器作为空中转信站，保证移动用户能随时进行必要的通信。也可利用飞机或低轨道卫星作为转信站，以应付地面传信设备来不及开设的紧急情况。

单兵 C^4ISR 系统可以采用蜂窝式组网技术，优点是发射功率小，可使用便携式可驱动天线。无线终端与网络基地站双工通信，其地站作为有线和无线介质间的网关。通过基地站，用户可以利用战场移动通信系统的高速网络访问多种服务，与其他地面移动无线电网络用户通信，扩展通信服务范围。

在数字化战场上最终可以实现任何人随时随地，方便、简易、实时、自然、安全、可靠地与同伴进行话音、数据、图像等多媒体信息联系，进行不间断的区域性个人通信。

3. 单兵 C^4ISR 系统的关键技术

单兵 C^4ISR 系统将分布在数字化战场上的单兵连接成为协调一致的整体，整个通信网络如同单兵独享的通信网一样。士兵在战场的任意地点、任意时间均能以任何网络(如公用电话交换网、公用数据网、综合业务数字网、无线移动网、卫星移动通信网等)接入，得到所需的各种通信服务。因此，单兵 C^4ISR 系统必须以战场信息通信网为基础，实现与移动通信系统、战场和武器的对接。

1) 计算机/电台系统小型化

尽管目前民用通信技术已相当先进，但利用蜂窝技术传输声音、数据及图像的单兵通信系统还在进一步开发之中。单兵计算机无疑将采用功能更强大的芯片，其重量和体积需进一步减小。计算机中预装的软件，除通信软件外，通常还有格式化报告、任务自动计划/复述、数字化地图等数据处理和管理软件以及弹道计算软件。另外，单兵计算机与单兵电台可以模块并组为一体。

2) 模块化火控系统

由于单兵武器是由单兵携带的，因此首先要求火控系统轻、体积小、结构简单、性能可靠、操作简单，并尽量采用先进的成熟技术，确保其技术可行性。为适应未来信息化战场的需求，火控系统应采用模块化设计，应备有与其他系统挂接的标准接口，可根据不同的需要选用。

3) 自适应通信技术

在通信系统中，所选的系统必须具有低截获率，而且能用自适应无线技术改进性能和抗多径衰减、抗盲区和抑制市区、山地和森林地区的恶劣工作环境所产生的干扰。采用商用蜂窝和个人通信系统技术可使系统成本降到最低。

10.3　外军的单兵 C^4ISR 系统的研究和发展

为着眼于 21 世纪数字化战场，建立数字化部队，20 世纪 80 年代末除美国以外，法国、英国、澳大利亚、德国、俄罗斯、加拿大、比利时、以色列等国也相继开展了单兵 C^4ISR 系统的研究。

10.3.1　各国的单兵 C^4ISR 系统

1. 美国"21 世纪地面勇士"计划

美国"21 世纪地面勇士"计划提出的单兵 C^4ISR 系统由以下几个子系统组成。

1) 计算机/电台子系统

计算机/电台子系统是士兵系统的指挥、控制、通信、计算机与情报子系统。它是士兵系统的核心，完成战场信息的采集、传输、处理、显示和决策、控制功能，包括计算机、士兵电台、班组电台、带综合导航系统的全球定位系统、手持平板显示器等。

2) 软件子系统

软件子系统的核心功能包括了解作战环境(定位/导航、数字地图显示、位置数据、激光探测及报警)、指挥与控制(指挥与控制信息、图表显示处理)、火力计划与控制(部队火力计划、粗略的防护雷区、火力探测控制界面)，以及通信管理、装备管理、工作站管理、数据服务、显示管理/用户界面、任务支援及训练管理功能。

3) 综合头盔子系统

综合头盔子系统包括悬置轻型头盔、头盔显示器、图像增强视频放大装置、激光探测器、防化学/生物面罩、防弹/防激光护目装置、头部方向传感器等。综合头盔子系统可以作为士兵与数字化战场上其他系统的接口，可以为士兵提供防弹功能和高保真的视觉与声觉的战场信息，并且可以在白天、黑夜及核、生、化环境下使用。

4) 武器子系统

武器子系统包括激光测距仪、数字罗盘、有线武器接口/无线武器接口、视频摄像机、模块化武器系统、热成像武器瞄准器、近战光学瞄准镜、红外激光瞄准器、其他现有武器和附件、理想单兵战斗武器等。

2. 法国"先进战斗士兵系统"计划

1992 年，法国提出了一个类似美军的"先进战斗士兵系统"计划，目前法军的"士兵系统"从头到脚的主要装备有：右眼前方的电子屏幕、头盔外置麦壳风、头盔通信系统、头盔防弹取景器、头盔受话器、胸前的"人/机视觉界面"指令盒、综合防护衣、光学瞄准镜和激光瞄准具、电脑视屏、电池和信息处理器等。

3. 英国"未来士兵技术(FIST)"计划

英国的 FIST 追求个别技术突破，并尽可能多地兼容现有装备，以节省经费。FIST 包括武器、信息、供给、医疗、被服及指挥与控制系统。系统内的武器部分除配有大小两种口径弹发射管外，还配有微型导弹，对空可以打击武装直升机，对地可以打击各种装甲目标。其带防毒面具功能的"智能头盔"上装有陀螺稳定激光指示器、图像增强器、热成像摄像仪，能够有效地解决信息传递、观测瞄准、选择优化射击方案等难题。

4. 澳大利亚"勇士"徒步士兵现代化计划

澳大利亚"勇士"徒步士兵现代化计划也称为"地面 125 计划"，按计划，士兵们将头戴轻型电子显示头盔，可随时了解战场上的各种信息。系统配一台微型计算机，可与通信卫星联系，并能显示本身所处的位置。手中的步枪将装有红外传感器、高倍放大光学瞄准镜和高灵敏度微型麦克风，能清楚地听到 $100\sim200$ m 范围内敌人的谈话。系统还包括一个手持式数据终端，它能提供预置格式的报告和数字地图，能传输和显示图像、敌我位置数据和来自外部传感器的其他数据。

5. 俄罗斯"巴尔米查"士兵系统发展计划

俄罗斯"巴尔米查"士兵系统发展计划重点研制与发展单兵防护器材、单兵通信与侦察器材、工程装备和特种装备等，以提高武器装备的整体技术水平。系统包括武器和弹药(含瞄准具)、个人防护器材(含防弹衣和头盔)、大规模杀伤武器防护器材、生命保障系统、军服与特种装备等。

10.3.2 单兵 C^4ISR 系统的特点

从世界各国发展 21 世纪单兵系统的现状可以看出单兵 C^4ISR 系统发展具有以下特点。

1. 一体化系统设计

单兵作为整个作战系统的一部分，单兵 C^4ISR 系统的发展目标必定是使作战系统整体发挥最大效能。

2. 数字化系统设计

由于数字化 C^4ISR 装备具有功能全、小型化、模块化等特点，因此可以为单兵提供与整个作战系统快速连接的信息接口，使单兵的整体效能得到大大提高。

3. 全环境系统设计

单兵 C^4ISR 系统要满足防弹丸、破片、激光、核生化、红外监视等多种威胁，连接到计算机上的环境传感器可以自动报告威胁类型和地点。

4. 便携化系统设计

单兵 C^4ISR 系统的重量将进一步减小、性能将进一步提高，使单兵具有更好的机动性和耐久性。

5. 精确化系统设计

单兵 C^4ISR 系统与先进的火控系统结合，可大幅度提高射击准确性和杀伤效果，从而提高士兵的战斗力。

6. 智能化系统设计

单兵 C^4ISR 系统能够自主进行定位导航、采集处理、接收传递，便于实施正确的作战，使战场真正成为完整高效的一体。

10.4　学习和借鉴

1. 发展进程中存在的主要问题

近年来，我军军事系统的建设有了较大发展，但用信息化战争的要求对照，现有的军事信息系统建设和发展仍然存在许多问题。

1) 信息化系统应用的意识不足

军队信息系统建设是一项复杂的系统工程，包含了军事理论、军事技术、武器装备、军事人员、体制编制和后勤保障等诸多因素的建设，不单是高新科技在军事上的应用，更重要的是思想上的融合。然而，近年来的军事信息系统建设工作往往只注重投入，却没有真正发挥出信息在作战、情报、防控、管理等工作中的主导作用。特别是在具体的信息系统操作和运用中，部队的认识不到位、重视不够，不善于从信息系统上获取关键信息。

究其原因，一是不能突破机械化时代的传统认识和思维定式，对向信息化时代的转变还存在模糊认识，嘴上讲的是"信息化"，而做法仍是"机械化"；二是不能深刻认识信息化下指挥作战的基本问题，对信息的本质内涵、理解定位还不够准确；三是不能抓住信息化系统越用越好的关键，对信息化应用理解不深，忽视信息化带来的创新机遇；四是不能把信息化应用工作"内化于心、外化于行"，推进力度不强，存在"以考代管"的现象；五是不注重信息数量的积累和信息质量的提高，信息化应用整体水平不高，应用效果不理想；六是不扎实落实信息应用基础工作，信息缺漏或不规范、维护不到位，服务任务的效果难以呈现。

2) 协同作战缺少理论和制度保障

首先，作战理论先进与否是衡量军队战斗力水平高低的重要标准。近年来，尽管我军取得了不少突破性研究成果，但在军事理论的原始创新上，仍然存在诸多问题。一是实战实用性差，没有围绕具体职能构建协同作战理论体系。二是缺乏战争设计，没有以先进作战理念驱动协同作战理论积累式发展。三是战略统筹不好，没有通过强化顶层设计来确保协同作战理论发展的方向。四是忽视过程管理，没有把实战评估作为构建协同作战理论体系的重要环节。

其次，不善于将协同作战的经验教训转化为制度。虽然通过联训联演能把各种力量聚合在一起，但各协同单元的职责与权限划分不清晰，协同指挥机构事前成立、事后解散，协同之间缺乏长效机制。尽管协同作战也能有效整合区域内军事力量，发挥区域协作优势，但仍解决不了制度保障、机制支撑的问题。

因此，在缺乏作战理论指引和相关制度保障下，信息协同作战的规范、内容、职责、程序等战争要素无法统一，导致在协同作战时，战场指控系统难以实现多个军事单元信息的有效集成。

3) 部队军事信息系统建设各自为战

在进行信息系统建设的过程中，尚未形成"事前规划、事中监理、事后评估"的机制，而是本着"先上项目，再做调整"的思想进行建设，从而导致了在建设过程中出现信息系统种类繁多、互不兼容、系统之间相互牵制等问题，致使信息资源无法实现共享，信息系统效率低下。此外，忽视了信息化建设过程中的监理，造成了系统建设的质量参差不齐，致使部队的信息系统无法可持续发展。

目前，由于缺乏统一的信息系统平台，部队的指挥信息传输层次仍然较多，兼容性、通用性、配套性问题还没有彻底解决。信息化建设布局缺乏全局考虑和总体设计，"各自为战"特别突出。一是缺乏顶层设计把关，阶段性建设重点不明确，对实施项目把关不严。二是缺乏报告审批制度，项目重复开发造成资源浪费。三是"一窝蜂"现象经常发生，忽视对信息系统项目的研发进行测试和运行，系统耐用性差。四是"信息孤岛""数字鸿沟"影响着更大范围的互联互通，信息化架构还不够健全，一体运作的机制尚待完善。

4) 总体大数据分析能力不足

首先，随着战场环境变得越来越复杂，要提升部队的信息化作战能力，仅仅依靠决策者的个人感知是无法做出科学、准确的判断的，因此，指挥必须基于战场数据的基础开展。但目前战场数据采集渠道少、覆盖面窄，基础数据的采集比较片面，信息管理与应用有较大的局限性，而且数据的采集随意更改性仍然比较大，使得数据的准确度较低。其次，要提升部队的信息化管理能力，就需要触及基层的方方面面，这样才能采集到足够多、足够客观的第一手资料，才能进行科学的实证分析。但由于目前无法利用网络进行相关数据的共享，也就无法实现数据的连续积累、集中存储和统一管理，造成分析的历史纵深不够，不能真正把握现阶段部队指控过程中的规律。

到目前为止，部队尚无运用大数据分析并快速形成有效建议的实例。正是由于大数据分析能力的缺失，使得部队无法把握问题或事件的整体，不能破解信息不对称难题，也就无法辅助指挥机构进行决策。

2. 加强军事信息系统顶层设计

1) 加快"适战"素质高的军事人才培养

人才乃建军之本，强军之基。不同的时代，对军队人员的素质有不同的要求。从某种意义上说，用知识武装官兵、武装军队，已成为建设信息化军队的必由之路。正因为如此，当今世界的许多国家，都把加快高素质知识型军事人才的培养作为实现军队信息化的基本路径，采取依托国民教育和自身培养相结合的方法，力争把尽可能多的知识型高素质人才吸收到军队的行列中来。

当然，军队的知识化并非仅等于军官的高学历，最终的检验标准在于指挥员的综合素质及驾驭现代装备的能力。总之，努力实现军队人员的知识化，已经成为世界各主要国家军队适应新军事变革需要、加快信息化建设步伐的共同选择。

2) 加快信息化武器装备的体系建设

信息化武器装备是建设信息化军队的物质和技术基础。因此，世界发达国家军队广泛运用新的信息技术成果，采取研制、改造、整合等多种手段来加快建设信息化武器装备体系的步伐。

研制新型的信息化武器装备，是建立信息化武器装备体系的重要支撑，是加快信息化武器装备体系建设的主要手段。在这方面，发达国家军队目前的重点是加强精确制导弹药和信息化平台的研制开发。

军队信息化的建设是为作战服务的，大量的侦察信息和作战命令将会通过信息系统进行上传下达，在作战期间信息系统是不允许中断的，否则将会对作战产生重大的影响。但军事信息系统由于地域广，使用单位分散，仍然存在一些不安全因素。因此，为了保证军事信息在作战期间的安全，保证信息战的胜利，研究军事信息系统安全是很现实也很有必要的。

3) 加快武装力量结构的一体化步伐

未来的信息化战争，战场空间将是多维一体的，陆、海、空、天、电、网等各个战场空间的联系十分紧密，任何一支作战力量都不可能像以往在机械化战争时代那样，只在某一个空间独立作战，而要具备在多个战场空间遂行多种作战任务的能力。这就要求作战力量的编成必须打破军兵种界线，遵循"系统集成、合成一体"的原则，按任务需求进行诸军兵种合成的一体化编组。

这些诸军兵种一体化的作战部队，组织结构更加严密，作战单元更加集成，遂行任务更加多样，更有利于信息化装备作战效能的充分发挥，因而具有很强的系统对抗能力。

4) 加快指挥网络化系统的建设进程

指挥体系趋向扁平化，是工业时代的机械化军队向信息时代的信息化军队转变的重要特征之一。当前，发达国家军队为适应未来信息化战争信息流动快、时效性高的特点，正努力克服传统指挥体系信息流程长、横向沟通差、抗毁能力弱的缺点，加快发展以网络为基础的指挥自动化系统，以求减少指挥层次，简化指挥环节，提高军兵种协同指挥水平，把树状纵深结构的传统指挥体系转变为"更有利于信息流动和使用"的网状扁平结构。

目前，美军指挥自动化建设正致力于把火力打击系统纳入其中(即形成 C^4KISR)，并逐步发展成为全球信息栅格(GIG)，以求完全实现情报获取实时化、信息传输网络化及作战单元一体化。这一目标实现后，美军将彻底完成由传统的"平台中心战"向高度一体化的"网络中心战"转变。

5) 加快军事信息系统的常态化应用

目前，我军正处在机械化半机械化向信息化转型阶段，作战人员成长在机械化半机械化时期，也留下了与现代战争不符的思维和习惯。如何抛掉这些阻碍我们转变战斗力生成模式的旧思维和老习惯，是提升战斗力水平必不可少的一步。

习惯既是养成也是素质，要摆脱过去的束缚，提高官兵的信息化素质，就要进行日常的严格训练和养成。一方面要对新的信息化习惯进行长期培养，将之作为日常训练中素质培养的重要内容。另一方面要用信息化新标准严格要求自己，逐步养成运用信息系统的好习惯。

本 章 小 结

体系对抗的本质是依托信息系统增强各子系统间的互联、互通、互操作能力，确保各作战要素都能充分发挥最大效能，产生"整体大于部分之和"的效果。信息系统是作战体系的基础支撑、连接融合的纽带、资源优化的手段、自我调节的杠杆、效能发挥的倍增器。

单兵装备的数字化已不是幻想，正快速逼近，这是高技术发展的必然结果，是不以人们意志为转移的。面对未来高技术局部战争的挑战，我国也应从自己的实际情况出发，吸收国外先进经验，开发具备研制得起又装备得起的单兵综合作战系统。因此，应在高技术微型化和低成本化的基础上，结合未来战场我军士兵的主要任务，把握重点，从最基本、最主要的装备入手，形成由简到繁、逐步完善与提高的发展思路。

课 后 思 考

作业：

(1) 为什么各国都制订了士兵现代化计划？

(2) 全球士兵现代化计划主要发展方向是什么？

要求：查阅相关资料进一步了解士兵现代化计划，并结合部队的实际提出自己的想法。

第五部分　应用技术支撑

　　大数据是一种规模大到在获取、存储、管理、分析方面大大超出了传统数据库软件工具能力范围的数据集合，信息化战场的数据满足了其海量的数据规模、快速的数据流转、多样的数据类型和价值密度低的特征。而军事物联网是利用局部网络把传感器、控制器、机器、人员等通过新的方式连在一起，形成人与物、物与物相联，实现信息化、远程管理控制和智能化的一体化网络。相对前两者而言，云计算则代表了一种大规模处理数据的能力。

　　大数据、云计算、物联网是密切相关的，如果说军事物联网对应了人体的感觉和运动神经系统，那么大数据就是人所获取的各种信息，云计算则是人体的大脑。获取、处理大数据技术的战略意义不仅仅是掌握庞大的战场数据信息，而更在于对这些含有意义的数据进行需要化的处理，挖掘出隐藏在海量数据中的战机，为正确及时的决策提供依据。

第 11 章　大 数 据 处 理

近年来，随着全球新一代信息技术和应用的兴起，大数据浪潮席卷全球。为应对庞杂的数据挑战及继续谋求信息优势，迎接大数据[①]时代的来临，2012 年，美国正式把大数据研发提升为国家战略，并作为美军建设的战略重点。大数据技术已经对美国的国家安全战略、军事战略、军队建设、作战理论等方面产生了重大影响。

11.1　大 数 据 技 术

11.1.1　大数据的特点与挑战

所谓大数据，就是一个体量特别大、数据类别特别大的数据集，而且这样的数据集合无法用传统的数据库工具对其内容进行抓取、管理和处理。

大数据具有"4V"特征，具体如下：

(1) 数据量(Volumes)大：一般在 10 TB 左右，但在实际应用中，多个数据集叠加早已达到 PB 量级。

(2) 数据类型(Variety)多：来自多种数据源，数据种类和格式丰富，只能用结构化和非结构化数据来区分。

(3) 数据处理速度(Velocity)快：在数据量如此庞大的情况下，能够做到实时处理。

(4) 数据真实性(Veracity)高：必须保证信息的真实性及安全性，以提升数据处理结论的有效性。

实际上，大数据的概念远远超出了我们的理解，而是以一种前所未有的方式，

---

① 截至目前，数据量已经从 TB(1 TB = 1024 GB)级别跃升到 PB(1 PB = 1024 TB)、EB(1 EB = 1024 PB)乃至 ZB(1 ZB = 1024 EB)级别。IBM 的研究称，整个人类文明所获得的全部数据中，有 90% 是过去两年内产生的。2020 年，全世界所产生的数据规模是以前所有信息的 40 倍。

通过对海量数据进行分析，获得有巨大价值的产品和服务，或是通过深刻的分析结论，最终推动创新的生成。因此，大数据需要新的数据处理模式才能具备真正的实用价值。大数据最重要的是如何使用，最紧迫的问题就是哪些技术能更好地处理数据，目前的大数据分析工具是 Hadoop。

11.1.2　大数据的关键技术及发展重心

1. 关键技术

大数据的关键技术如下：

(1) 数据采集：负责将分布的、异构数据源中的数据如关系数据、平面数据文件等抽取到临时中间层后进行清洗、转换、集成，最后加载到数据仓库或数据集市中，成为联机分析处理、数据挖掘的基础。

(2) 数据存取：能够对关系数据库、NOSQL、SQL 等数据库进行数据存取。

(3) 基础架构：采用云存储、分布式文件存储等网络基本结构。

(4) 数据处理：处理自然语言的关键是要让计算机"理解"自然语言，所以自然语言处理又叫作自然语言理解(Natural Language Understanding，NLU)，也称为计算语言学。它既是语言信息处理的一个分支，也是人工智能的核心课题之一。

(5) 统计分析：充分利用假设检验、显著性检验、差异分析、相关分析、T 检验、方差分析、偏相关分析、距离分析、回归分析、曲线估计、因子分析、聚类分析、主成分分析、因子分析、快速聚类法与聚类法、判别分析、对应分析、多元对应分析(最优尺度分析)、bootstrap 分析等统计方法对相关数据进行分析，以发现研究对象的本质。

(6) 数据挖掘：对相关数据采用分类(Classification)、估计(Estimation)、预测(Prediction)、相关性分组或关联规则(Affinity Grouping or Association Rules)、聚类(Clustering)、描述和可视化(Description and Visualization)对复杂数据类型(文本、网页、图形图像、视频、音频等)进行算法搜索，揭示出大量数据中隐藏的信息。

(7) 模型预测：利用机器学习、建模仿真等技术来构建与数据一致的预测模型。

(8) 结果呈现：采取采取云计算、标签云、关系图等技术来展现分析结果。

2. 发展重心

大数据技术是指从各种各样的大数据中快速获得有价值信息的技术的能力，包括数据采集、存储、管理、分析挖掘、可视化等技术及其集成。因此，大数据的重心就是需要特殊的技术有效地处理海量数据。当前适用于大数据的技术包括大规模并行处理数据库、数据挖掘、分布式文件系统、分布式数据库、云计算平台、互联网、可扩展的存储系统等。

大数据的战略意义不在于掌握庞大的数据信息，而在于对这些含有意义的数据能够进行专业化处理，通过"加工"来实现数据的"增值"。

大数据技术的重点发展领域包括：

- 智能学习、机器学习、博弈论；
- 自我分析；
- 隐私控制；
- 大数据分析应用；
- 移动分析；
- 实时分析；
- 大数据平台。

11.1.3 "互联网+大数据"技术

如果互联网是技术工具和信息传输管道，那么"互联网+"就是一种把虚拟转化成实际的能力，而大数据就是发展这种能力的基础。因此，大数据和互联网实质上是相互融合的。互联网如果没有数据分析就会非常空洞，而大数据离开了互联网就失去了存在的基础。

对于"互联网+"不同领域、不同行业的不同业务，甚至同一领域不同方向的相同业务来说，由于其业务需求、数据集合和分析挖掘目标存在差异，所运用的大数据技术和大数据信息系统也有着相当大的不同。唯有坚持"领域、行业、业务、技术、应用"同步发展，才能充分实现大数据的价值。

因此，"互联网+大数据"最重要的是如何使用，最大的挑战是哪些技术能更好地使用数据，最大的阻碍是如何保障大数据分析结果的实际应用。

目前，应用"互联网+大数据"进行分析预测和辅助决策的领域包括政府管理、公共服务、商业分析、企业管理、金融、娱乐和个人服务等。例如：

(1) 节电：利用云计算互联网平台，分析来自西雅图四个城区建筑管理系统的数百个数据集，包括每家用户的耗电量统计以及电热水器、取暖设备、照明、做饭、食物保存等用电行为习惯的分类数据，对数据进行挖掘，再通过分析预测工具，找出可行的节能措施。

(2) 治堵：基于实时交通报告来侦测和预测拥堵，当发现某地即将发生交通拥堵时，交管人员可以及时调整信号灯让车流以最高效率运行。对于突发事件(保证救护车尽快到达医院等)的处理，可以学习过去的成功处置方案，并运用到未来预测中。

(3) 防火：消防部门根据不同的影响因素，从通过各种渠道收集到的数据里划分出了多个可能会产生火险的类别。其中包括区域居民平均收入、建筑物年龄、是否存在电气性能问题等。通过算法给建筑物都标注了风险指数，并按照火险概率由高到低进行安全排查。

(4) 缓解停车难：利用手机跟踪城市的停车位，用户只需要输入地址或者在地图中选定地点，就能看到附近可用的车库或停车位，以及价格和时间区间。

(5) 预测天气：利用新的模型预测极端天气事件，该模型可对过去数十年的数据进行上亿次分析来识别天气模式，然后与目前的情况进行对比，通过预测分析来预测未来的天气。

(6) 流感预测：通过互联网上利用搜索引擎查询数据总数和来自传统流感监测系统的数据进行比较，进行流行性感冒评估。

通过这些实例可以明显地分析出：一是要具备汇聚数据的意识，二是要充分利用互联网作为收集数据的手段，三是要寻找各种因素间的关系，四是要注重辅助决策的预测性，五是要充分发挥政府或组织汇聚数据的作用，六是要用实际来检验分析结果的可靠性。

11.2　美军的大数据技术研究

11.2.1　面临的大数据挑战

对于美军来说，随着信息化建设的持续深入，各种新技术、新装备越来越多，"系统集成"也越来越复杂，在处理信息以及数据方面也开始遭遇各种挑战，主要有以下几种情况。

1. 海量数据得不到及时准确的处理

信息化战争下，为了提高对战场态势的感知，美军广泛运用了卫星、无人机、传感器等侦察手段，其图像、声音等侦察能力已经实现了对战场的全覆盖，数据呈现出来源广、容量大、更新快等特点，仅仅依靠现有的信息处理技术，美军已不能及时准确地分析和处理这些数据。另外，持续增长的数据对系统存储的压力也很大，"舍"还是"得"是一个生存问题。

2. 数据壁垒阻碍了多源数据融合

首先，在指控管理体制上，美军相关部门在进行系统建设和管理时，存在重复开发、标准各异等问题，而且出于对部门利益的考虑，对信息传播进行限制，无法做到数据共享；其次，在数据格式上，伴随着网络成为获取信息数据的主要来源，出现了大量非结构化的图形、图像、视频、音频等数据。这就带来了除结构化数据以外的新型数据结构，如半结构化的 HTML、XML 数据以及这些数据拥有自己的特性和模式。为了适应信息集成的需要，各种数据必须建立统一的格式标准，建立一种能够容纳和处理各种数据格式的综合集成的数据库。

3. 数据漏洞增多造成信息安全隐患

信息安全是一个存在已久的问题，而数据则是信息的重要载体。随着数据量的爆炸性增长，一方面，数据库漏洞越来越多，可攻击的目标也随之增加，且攻击目标将更为暴露，另一方面，隐藏在海量数据中的攻击行为往往难以被及时探测。数据安全是大数据应用的根本保障，核心数据的泄露将对整个战局造成致命性影响。因此，必须研发出可靠的防护措施，以确保信息安全。

11.2.2　大数据的发展措施

为解决军事应用中的大数据问题，美军着眼于系统性、全方位解决方案，采用了统一规划、分步实施的具体措施。

1. 为大数据技术的开发与利用提供高效的运行机制

组建相关机构将情报、侦察和监视作为一个整体来分配、计划和运用，这样无疑将充分发挥情报、侦察和监视的巨大合力优势，并为大数据技术的开发与利用提供一套高效的运行机制。

2. 以大数据为核心构建国防部企业化体系架构

通过实施合并等方式，将复杂大系统的各个组成部分融合成为高效、廉价的架构。通过对海量数据搜索、挖掘、存储、分析、安全等的大数据技术开发，为美军提供大数据能力，以支持美军的全球作战。

3. 合并全球数据中心，向数据中心战过渡

服务器将高度虚拟化，这样可以灵活地加入新的信息服务，提供最大的效率。通过远程防御行动、网络、数据中心、服务器以及其他应用的技术标准化，极大

地提高了美军信息技术控制系统的网络安全性。

4. 投入重金开发大数据技术

在前沿技术研究方面，在大数据工作中计划每年投入上千万美元，着手研发大数据处理分析所需要的硬件与智能化分析软件，以解决非结构化数据的组织积累、数据库关联等问题。

11.2.3　大数据应用的影响

目前，大数据作为一种新兴的技术对美国的国家安全战略、军事战略、军队建设、作战理论等方面产生了重大影响。

1. 推动大数据在美国国家层面的应用

大数据技术与人类历史上很多新兴技术一样，例如雷达技术、电子计算机技术、互联网和航天技术等，都是首先在军方应用，然后推广到民间应用，并对整个社会的发展起到了重大影响。因此，军事大数据技术在社会层面也拥有巨大的空间，将会给经济、医疗、教育等领域带来革命性变革。此外，美国在大数据领域拥有的绝对性优势将有助于其制定国际标准，这将牵制其他国家在该领域的发展，在国家安全战略上具有重要意义。

2. 推动云计算、物联网技术的进一步完善

物联网实现了所有信息化装备的互联互通，在军事领域创建了大量的数据"孵化器"；云计算提供了更加广泛的资源共享，解决了数据、服务和计算资源的共享问题。而大数据的本质是更好地获取、管理、使用这些数据，深入挖掘其中蕴藏的知识，使其效用最大化。

物联网、云计算和大数据这三大技术互为补充，美军已经利用军事物联网和云计算实现了战场人员、资源的实时感知，对战场感知、决策支援和资源优化配置发挥了重要作用，而大数据的发展将为物联网、云计算提供更为强大的技术支持，推动其进一步发展。

3. 确保美军在信息领域的绝对优势

首先，通过大数据研发，美军将会在数据获取、存储、管理、分析和分发等方面取得质的飞跃，进而提升美军战场态势感知、情报分析、智能决策以及安全防护能力，以便迅速做出正确的决策，最终夺取战场主动权；其次，美军率先在大数据领域占领先机，将会全面拉开与其他国家在高科技战争中的差距，确保战场信息主导权；最后，美国通过大数据研发，进而有可能带来一系列关键技术上

的突破，引领信息化竞争进一步从软硬件、网络领域向信息认知跃升。

11.3 学习和借鉴

11.3.1　国内外大数据的应用经验

1. 整体性管理是打破内部壁垒的基础

利用大数据进行管理的关键在于整合多个数据源，因此，推动军事大数据应用首先应坚持整体性方向，推动军事领域间的数据共享与作战协同。

军事大数据应用方面所面临的挑战与其他领域一样困难，不仅要应对多数据源和不同格式的数据的集成分析等大数据领域通用性问题，还要面对军事部门特有的保密问题，必须在保证安全性和遵守相关法规的前提下，打破信息孤岛来推进数据的集成。因此，对于推进军事大数据应用而言，建立跨军兵种、跨区域、跨层级的数据管理机构是保障大数据应用整体性的基础。

2. 数据开放是推动大数据应用的关键

众所周知，大数据应用是以海量数据为前提，掌握数据为基础。而军事大数据的发展离不开相关数据的开放：一是随着军事组织的行为及其与地方的交互越来越数据化，在军事内部系统中已经产生了各类大数据，为大数据应用提供了巨大支撑；二是尽管军事数据的开放存在局限性，但开放性可以让军民一起来解决以前无法完成的问题，更广泛地发挥群众力量以进行更好的应用管理。

因此，在推进军事大数据应用中，随着数据开放的深入，军民融合才能找到结合点，也将更有力地促进分析水平的提升。

3. 数据共享是提升任务执行水平的动力

在大数据时代，个人可以更好地参与到国家的一些事务之中，与国家共享数据，从而形成人人参与的决策机制。因此，作战个体可以通过网络渠道分享他们对任务执行的意见和建议，而大数据分析技术可以处理这些非结构化数据，并将分析结果和解决方案传递给作战组织。

因此，在大数据背景下，任何作战参与个体都可以通过数据共享、大数据分析，不断推动优化军事指控管理体系。而且，数据共享是组织理解个体、判断决策优劣的良好手段。

11.3.2 创新军事指挥管理的机制

大数据驱动"互联网+军事"应用的关键就是要构建起一套"用数据指挥、用数据决策、用数据管理、用数据评价、用数据创新"的全新机制。

1. 以大数据驱动科学决策

可以利用大数据手段,在基于广泛、大量数据的基础上进行效果分析和决策模拟,为最终指挥提供系统、准确、科学的参考依据,为指挥实施提供全面、可靠的实时跟踪,推动指挥决策由过去的经验型、估计型向数据分析型转变。

2. 以大数据驱动精准管理

可以利用大数据手段,通过数据的流转痕迹、关联分析,对各类军事数据进行交叉融合,精准掌握任务执行的真实状况,从而进一步提升军事指挥管理的精准性和针对性,实现从事中干预、事后反应向事前预测、超前预判转变。

3. 以大数据驱动创新思想

可以利用大数据手段,从"要我做"向"我要做"转变,从任务执行重结果向重效能转变,从被动反应向主动作为转变。在围绕战争主体的同时,强化指挥模式创新,使人员、装备、后勤等管理更加精准,使智慧军事、创新军事成为现实。

4. 以大数据驱动绩效评价

可以利用大数据手段,对军事行动过程中产生的所有数据进行记录、分析,及时发现和控制可能存在的风险,挖掘分析出各种贯彻命令不彻底、执行任务乱作为、组织实施不到位的蛛丝马迹,反过来用以完善相关制度,使指控管理更合理、更规范、更科学,真正形成发展的良性循环。

11.3.3 必须常抓不懈的关键工作

1. 重视军事数据工程建设,加强关联分析

一是必须强化军事数据关联。大数据的价值不在于数据有多大,而在于其关联度有多高。以大数据提升军事指挥管理水平,就是要提高数据的完整性程度并控制信息流动的方向,找到数据之间的关联;就是要强调实现数据汇集、数据关联、数据分析和数据智能,系统提升工作效能。

二是必须强化军事大数据工程的顶层设计。需要以数据和数据的流动作为解

决实际问题的出发点和落脚点，从顶层设计入手，统一数据标准、统一数据接口，不断创新引入技术手段来改进和优化方案，不断提升数据汇聚程度。

三是必须把握数据分析的重心。加强与科研机构、高校、企业的合作，利用其先进的数据挖掘和分析技术，重点加强对军事发展各领域的信息相关性汇聚和研究，建立可实现数据分析、决策支持的数据仓库，更好地为军服务。

2. 支持军事指挥管理创新，加强数据应用

坚持用数据说话，强化以数据为基础的定量分析和定性分析，使战场信息成为军事决策的重要基础。重点加强情报分析、作战指挥绩效评价、任务决策评估、战争态势宏观分析，并从战略、战役和战术等层面提出对战争胜利把握的决策建议。

加强数据使用就是要实现对数据的智能化管理。这包括四个环节：一是作战人员数据化，将人和组织数据化，实现对其身份的识别和确认；二是作战行动数据化，把各种行为数据化，以确定与人的身份相关的行为轨迹；三是战场数据关联化，对身份和行为数据进行关联分析，挖掘不同身份和行为之间的关联关系；四是决策数据化，在汇集各类数据的基础上进行分析，找出关键点和关键环节。

本 章 小 结

在大数据时代，各个行业和领域都产生了巨大量级的数据积累，结果量变引起了质变，人们对于事物规律的认知也发生了质的变化。人们不再依赖精确的抽样调查，不再追求过多的精确，也不再在意所谓的因果关系，而是通过大量数据的采集来全面理解和分析，获得对事物认知的真相。

另外，数据也不再是静止的和过时的，数据不仅能让我们在某种应用上获取利用价值，更可能通过重组，发现它们蕴藏的更大的潜能。

课 后 思 考

作业：

(1) 为什么大数据分析抛弃了"因果关系"？

(2) 大量的日常的部队行政管理的数据是不是大数据？怎样更好地利用这些数据？

要求：查阅相关资料进一步了解大数据技术，并结合部队的实际提出自己的想法。

第 12 章　云 计 算 应 用

由于云计算技术在军事领域具有潜在的全面而积极的影响，因此近年来美军一直致力于运用云计算技术的探索实验。

12.1　云 计 算 技 术

12.1.1　产生背景及意义

云计算是一种围绕分布式共享计算资源的创新应用模式，资源提供者可以方便而快速地提供计算资源，而无处不在的资源需求者可以便利地使用共享的远程计算资源。简而言之，云计算就是通过网络实现数据远程存储，并利用远程计算机上的应用程序进行信息处理与计算。目前，这项技术已经广泛运用于互联网，在高效信息管理等方面呈现出巨大潜力。

随着计算机网络技术的迅猛发展，美军的战场态势感知能力与信息联通能力大大提高。而云计算技术的出现，更为美军掌控信息化战争主导权再添利器。很明显，若将云计算技术运用于军事领域，就可以为作战部队提供安全可靠的存取信息服务，既节约成本，又有助于加速战场虚拟化步伐。

云计算技术进入实战后，作战部队使用战场网络的方式方法必将迎来重大变革。进一步讲，云计算技术将为军事领域带来多方面的积极改变，如节省资金、增进信息共享、提升网络安全等。

12.1.2　云计算技术简介

1. 云计算的概念

云计算(Cloud Computing)是一种围绕分布式共享计算资源(如网络、服务器、存储器、应用程序和服务等)的互联网式计算方式，通过共享软硬件资源和信息，按需提供给计算机和其他设备。从技术角度看，云计算就是透过网络将庞大和复杂的计算处理程序自动分拆成无数个较小的子程序,再交由网络上多个服务器和计算终端组成的大系统处理,最后将计算分析后的结果回传给用户。通过云计算技术,可以在短短的时间内处理数以亿计的信息,达到与超级计算机同样的强大效能。

在信息技术领域中,云计算的应用已被证明是一种颠覆性的技术。虽然云计算是通过网络提供可伸缩的分布式计算能力,但实际上,云计算是网格计算、分布式计算、并行计算、效用计算和网络存储、虚拟化、负载均衡等计算机技术的融合。它通过网络把多个计算实体整合成一个具有强大计算能力的系统,并借助网络把这种强大的计算能力再分布到终端用户手中。其核心概念就是通过不断提高"云"的处理能力,进而减少用户终端的处理负担,最终使用户终端简化成一个单纯的输入/输出设备,并能按需享受"云"的强大计算处理能力。

2. 云计算的工作模式和特点

从概念上讲,云设施分为物理层与抽象层两部分。其中,物理层主要是指硬件设备,如服务器、存储介质与网络设备;而抽象层主要是指计算机软件,云设施区别于现行网络模式的主要特征即蕴含于此。在云环境下,各种远程服务将通过三种工作模式来完成:软件即服务(SaaS)、平台即服务(PaaS)和设施即服务(IaaS)。

按照用户服务的理解,云计算是指用本地计算机设备获取远程计算机的数据与服务。按照这种理解,云计算设施的软硬件布局有以下六个重要特点:

(1) 将计算能力作为服务,提高整体计算能力。云计算把大量计算能力集中到一个公共资源池中,通过多用户申请调用的方式共享计算能力。这种整体能力的调控提高了部分设备的运行率,从而增强了整体计算能力。

(2) 利用分布式结构,增加整体存储能力。分布式可将用户信息备份到地理上相互隔离的设备中,而用户无须了解此信息,这样不仅仅提供了强大的数据存储空间,也提高了系统的安全性和容灾能力。

(3) 采用虚拟化技术,减少硬件依赖性。虚拟化技术可以将应用软件和下层的硬件设备剥离,按照"看到即是"的软件原则,用户只看到虚拟出来的所需设备,而不用关心如何运行,这样就减少了对硬件设备的依赖。

(4) 模块化通用设计,增强系统的扩展性。云计算平台按照通用化、模块化设计软硬件，引入的软硬件只需提供针对该平台的通用接口，增加了用户添加扩展功能的能力。云平台之间也采取同样的标准接口，用户可以忽视不同云之间的数据跳转。

(5) 构建虚拟资源池，扩大动态服务弹性。将数据、计算力等汇聚在虚拟资源池，以资源池为中心，动态调节资源使用。这种方式对于需求不确定性的情况，具有非常好的解决效果，同时，也可引入对资源池的智能化管理来满足实时性的要求。

(6) 体现按需服务原则，提高资源使用效益。按需服务是云计算技术的核心，围绕此原则，强调软硬件跟随需求成长，不断增加、调整和扩充适合的功能与服务，提高信息资源的利用率。

12.1.3　产生的社会效益

云计算技术被视为大型计算机、个人计算机、互联网之后的第四次信息技术革命，它也将给人类社会带来更大的改变。云计算技术的广泛应用会大大加快信息化社会的发展进程，具体表现在以下几方面。

1. 信息交流变得更加便利

互联网交流已经成为现代社会的主要交流方式，依靠信息的流动替代人员的流动，依靠信息的流动改变物体的属性。实质上云计算提供了一个随时随地访问互联网的机会，如果说互联网是信息高速公路，数据是高速公路上流动的车辆，那么云计算就是赋予用户管理高速公路和车辆的能力。用户不仅可以借助互联网完成文件的处理、数据的访问，而且可以向互联网要求数据支持和计算服务。

2. 系统成本变得更加节约

借助 SaaS、PaaS 和 IaaS 的模式可以大幅压缩在软件和硬件上的投入，由原来的"人人都要有"到"一人有大家用"。云计算能节省硬件成本，通过它可以使硬件的利用率达到最大化。而 SaaS 现在已经得到越来越多的人的认可，只需一个软件就可以共同使用该软件。

3. 思想创新变得更加高效

由于对云计算的理解是多种多样的，因此云计算也被认为是一种基础设施，这就意味着计算能力也可以作为数据进行流通，而"云"中的资源提供的服务可以不受限制地按需使用，最简单的移动终端就可以实现超级计算的任务。简而言之，云计算让思想不再受物质世界的限制，需要什么就向"云"索要。

12.2 云计算技术的军事应用

12.2.1 应用背景

在应对伊拉克战争与阿富汗战争时，美军的战场网络是不成熟的，甚至都没有考虑到对战事的支撑。即便是这种随意拼凑的、新旧不兼容的网络，即便是这种没有考虑到标准的、五花八门的网络，即便是这些只能满足临时需要的、无长远目标的网络，也给了美军很大的惊喜，同时也让美军思考，如果这些问题都被解决，那么美军掌控战场主导权则轻而易举。

出现这些问题的原因在于，多年来美军已经开发了很多用于完成特定战场功能的作战网络与软件系统，但由于缺乏足够的顶层设计，这些网络或系统的集成化程度并不高，形成了信息时代特有的"数据烟囱"。据统计，美军在全球范围内的数百个军事设施拥有近 2 万个烟囱式的军事网络、近千万套计算机终端。

为了将这些烟囱式的松散的系统集成在一起，美军构建了联合信息环境(JIE)并引入了云计算技术。但对于美国政府而言，将云计算技术运用于军事领域的目的就是节省军费与提高军费的利用率。

12.2.2 军事服务

随着战争节奏变得越来越快，获取战场信息的时效性越来越重要，而云计算却恰好有能力提供这种支持。

1. 提升信息的获取能力

因为云计算技术使用了分布式存储和动态调整机制，所以保证了云计算能够通过互联网进行快速的数据存取，而之前的战场装备尽管也依靠互联网，但缺乏合理的资源调配手段，造成存储效能低，战场用户在使用网络服务中会受到装备性能的限制。而通过云计算的服务提供的信息资源来源广泛，数据更新快，军事用户能够快速得到战场资讯。云计算能够以较低的成本提供更高效率的服务，必然会受到军事应用的青睐。

2. 提升信息的共享能力

数据的实质在于应用和共享。由于云计算超强的网络扩展性，它提供的军事服务的种类非常多。而且在虚拟数据池的基础上，多个云计算服务被自然地汇聚在一起，数据资源被共享，不同军事应用间就实现了资源互补。当然，资源的共享也必然存在资源的重叠。处理好重复的内容，对于扩展到更多，从而联合成一个巨大的"云军事"至关重要。

3. 提升信息的存储能力

在军事活动中，由于网络的使用越来越频繁，信息化程度越来越高，因此需要存储的数据也越来越多。实质上，在军事活动中，存储增加及运维的重要性是呈指数增长的。而当云计算服务投入军事领域之后，一方面，云存储可以提供接近无限大的一个存储空间，能够极大地满足军事资料信息的增加，另一方面云计算的运维与数据一样被分布化，运维在没有增加工作强度的基础上反而加强了运维力度。

12.2.3　应用实施

1. 联合信息环境

联合信息环境(JIE)是美国国防部为了提高军事网络的效率、效能与安全性，对全军范围的信息技术基础设施进行整合的一个项目，以创建一个联合的、跨部门的、跨国家的信息共享环境。

JIE采用了云计算技术的IaaS或"硬件无关"，这主要是强调联合信息环境下的可移动性，即通过网络身份认证的用户可以在世界上任何一个地方，使用任何一部移动设备，对存储于云中的电子邮件、网络浏览器或文档进行操作。总之，云计算技术可以使JIE更有效、更有效率，也更安全。

2. 企业电子邮件

美军第一个真正运用云计算技术整合信息技术基础设施的是企业电子邮件(EE-mail)。企业电子邮件的目标是整合军事领域非保密互联网协议路由网络(NIPRNET)上的所有电子邮件(E-mail)服务器，创建一个可以显示所有用户的全球地址列表(GAL)，消除冗余的信息基础设施，在满足工作需要的情况下最大限度地节省总体费用。

企业电子邮件是从美陆军通用作战环境(COE)战略发展而来的。该战略是对陆军范围内的软件开发与发布实施标准化，以提高效率。COE改造主要针对五类作战信息平台，即企业服务器、战术服务器、战车、台式设备和移动设备。

3. 全球网络企业构架

近年来，网络整合的重要性已经在军事领域得到广泛重视。基于云计算技术的全球网络企业构架(GNEC)是美军进行地面作战网(LWN)企业化转型中迈出的第一步。美国陆军运用全球网络企业构架的概念，使作战部队得到连续不断的网络与作战数据服务，尤其在从本土训练向海外部署期间不能"挂空挡"。

全球网络企业构架证明，作战部队应用有限的云服务，便可拥有一个可靠的数据备份系统。

4. 网络综合评估

网络综合评估(NIE)的主要目的是，安装与测试最新的战术作战人员信息网络(WIN-T)设备(即 WIN-T 增量 2)以及用于战术端的便携式计算设备，以此来检验未来 JIE 可能带来的益处与面临的挑战。

NIE 支持美国陆军 JIE 的构建，包括云计算的运用，从而作战效率得以大大提高。另一方面，云计算技术的运用有利于通用作战图(COP)的改善，而 JIE 的构建将进一步促进 COP 的改善。

12.3　云计算在军事上的深入应用思考

1. 云计算的一体化思想与战场一体化指控

云计算的技术思想和实施模式与未来智能化战争中的一体化指挥控制、高效情报处理共享、快速灵活的反应能力、诸军兵种联合作战、智能化无人作战等特点和要求一致。

依靠战场无所不在的通信网络，云计算将地理分散的数据中心、作战平台、传感器、武器系统等战场资源相互连接，构建成一个网络化的战场资源池。云计算利用虚拟化技术，可实现资源和服务的虚拟化集成，降低对硬件系统的依赖，从而提高整个战场云计算环境的可靠性和灵活性。而系统的用户端具有网络化分布、动态自由接入、按需访问的特征，能全面、实时、可靠地获取战场信息服务。

2. 云计算的分布式管理与任务分布式实施

由于云计算实现了战场资源高效管控，对单个平台的依赖大大降低，即使部分武器平台被毁也不会影响系统的整体功能。

现代战争不再拘泥于从前沿到纵深的逐步推进，而是超越时空的垂直打击，各类补给的数量、品种、时间和地点等要素难以准确预测。以云计算平台作为战场网络的信息处理核心，利用强大的计算能力实现需求数据的快速计算、综合分析和有效融合，精准测算各作战部队需要什么、需要多少、何时需要，保障资源分布在哪、如何分配、如何运输等信息，可以有效保障战场需求。

3. 云计算的集中式能力与力量集中式作战

在云计算作战模式下，一线作战部队能得到云端的强大信息支持，战场情报侦察、指挥决策分析、行动过程指导、战果战损评估等工作都转移到云端，作战配属和服务保障力量规模将大大缩减，一线部队更加聚焦于任务执行，规模结构趋于小型化。同时，作战力量结构建设将逐步模块化，不同的模块建设不同的核心能力，战时云端指挥机构根据作战任务特点，智能分析判断所需的模块数量及组合方式，按搭积木的方式来组建联合任务部队。

4. 云计算的智能式发展与战争智能式演进

云计算与人工智能、大数据等技术的深度融合，将产生一批基于有人与无人融合的全新作战样式，成为无数类似"蜂群"等无人作战系统的控制中心。随着作战系统的个体智能化将向群体智能化转变，各类不同的作战系统能实现无缝协同，最终实现智能云端集中指挥、实时网络分布控制、作战平台分散化执行的新型作战模式。

本　章　小　结

云计算技术运用于军事领域，可以极大地提高军用网络性能和军费使用效率，但目前在安全性、带宽限制、集成新技术、开发实用条令等方面仍面临一些技术挑战。

云计算将打破作战平台、传感器、武器系统之间的硬链接，深度渗透到各分布节点的目标探测跟踪、数据融合、指挥决策、目标指派、火力分配、火控制导、毁伤评估的作战流程。云计算作为信息领域的最新成果，从思维理念、技术体制等方面深刻影响了信息技术的发展，其强大的计算能力、资源整合能力和数据分析能力必将对军事领域带来深远的影响。

课 后 思 考

作业：查阅关于云计算的相关资料和书籍，把握其发展动态，加深理解。

要求：着力培养自身对于信息的敏感程度；强化收集和理解信息能力的训练，培养自身良好的学习习惯和品质。

第 13 章　军事物联网

物联网是电子信息技术发展到一定阶段后出现的产物，是传感器与感知、计算机与通信网络、自动化与人工智能等技术的融合结果，是人与物、物与物之间沟通的桥梁。

13.1　物联网的概念

1. 物联网的基本内涵

物联网(The Internet of Things，IOT)是在互联网的基础上，将其用户端延伸和扩展到任何物品与物品之间进行信息交换和通信的一种网络概念。在这个网络中，物品(商品)能够彼此进行"交流"，而无需人的干预。其实质是利用射频识别(RFID)技术，通过计算机互联网实现物品(商品)的自动识别和信息的互联与共享。

物联网是指基于互联网、电信网等载体，通过传感器、RFID、红外感应器、激光扫描器、GPS、无线数字通信、智能嵌入等信息感知设备与技术，实时采集物体声、光、热、电、力学、化学、生物或位置等信息，按约定协议，进行信息交换，以实现物与物、物与网连接并实现对物体智能化识别、定位、跟踪、监控和管理的一种网络。

物联网是在计算机互联网的基础上，利用 RFID、无线数据通信等技术所构造的一个覆盖世界上万事万物的网络。物联网概念的问世，打破了之前的传统思维。过去的思路一直是将物理基础设施和 IT 基础设施分开，一方面是机场、公路、建筑物，另一方面是数据中心，个人电脑、宽带等。而在物联网时代，钢筋混凝土、电缆将与芯片、宽带整合为统一的基础设施。

2. 物联网的基本特征

物联网的基本特征主要体现在以下三个方面：

(1) 互联网特征：物联网的核心和基础仍然是互联网，但它是在互联网基础上延伸与扩展的网络，是一个能让所有需要联网之"物"实现互联互通的网络。

在物联网上，通过各种有线和无线网络与互联网的融合，实现传感器所采集之"物"的信息的实时传递。

(2) 识别与通信特征：所有纳入物联网的"物"都需要具备身份标识、自动识别和物与物通信(M2M)等功能，它的用户端将从目前的"人"延伸与扩展至"物"，以实现物与物之间的信息交换；在物联网上，各种感知设备与技术将得到广泛应用，物联网中布满了各种类型的传感器，每个传感器都将是一个信息源。

(3) 智能化特征：物联网应具备自动化、自我反馈、智能处理与控制等特点。

从上述可以看出，对想入网的"物"是有一定要求的，物联网中的"物"必须满足的条件是：要有数据传输通路；要有一定的存储功能；要有 CPU；要有操作系统；要有专门的应用程序；要遵循物联网的通信协议；在网络中要有可被识别的唯一编号。

3. 物联网的技术架构

在技术架构上，物联网可分为以下三层：

(1) 感知层：由各种传感器和传感器网关构成，如温度传感器、湿度传感器、气体传感器、二维码标签、RFID 读写器、摄像头、GPS 等感知终端，是物联网的神经末梢，主要功能是识别物体及采集信息。

(2) 网络层：由各种内部网、互联网、网络管理系统和云计算平台等组成，是物联网的神经中枢和大脑，负责传递和处理感知层获取的信息。

(3) 应用层：是物联网与用户的接口，它与行业需求相结合，实现物联网的智能应用。

4. 物联网的应用

物联网其实不仅仅是一个概念，它已经在很多领域广泛应用。物联网在工业、农业、环境、交通、物流、安保等方面的应用，有效地推动了这些基础设施领域的智能化发展，使得有限的资源更加合理地使用分配，从而提高了行业效率和效益。

1) 公共安全方面

近年来全球气候异常情况频发，灾害的突发性和危害性进一步加大，互联网可以实时监测环境的不安全情况，提前预防、实时预警、及时采取应对措施，降低灾害对人类生命财产的威胁。物联网在防入侵系统中得到了应用。防入侵系统铺设多个传感节点，覆盖地面、栅栏和低空探测，可以有效防止和预警人员的翻越、偷渡、恐怖袭击等行为。

2) 智能交通方面

随着社会车辆越来越普及，交通拥堵甚至瘫痪已成为阻碍城市发展的痼疾。智能交通系统(ITS)利用通信、计算机、自动控制、传感器等技术，可以实现对交通的实时控制与指挥管理。

通过智能交通系统对道路交通状况实时监控并将信息及时传递给驾驶人，让驾驶人及时作出出行调整，可以有效缓解交通压力。但无论是交通控制还是交通违章管理系统，都涉及交通动态信息的采集，因此，交通信息采集是智能交通系统的关键，而交通信息采集就需要依靠物联网技术。

3) 智能控制方面

智能控制就是物联网在控制领域中的基础应用，随着互联网的普及，智能控制涉及社会生活的方方面面。例如，依托 ZigBee 无线的路灯照明节能环保技术是城市节能减排的重要手段，既实现了路灯控制又大大节约了用电。

4) 军事应用方面

在国防军事领域方面，物联网的应用虽然还处在研究探索阶段，但物联网应用带来的影响也不可小觑，大到卫星、导弹、飞机、潜艇等装备系统，小到单兵作战装备，物联网技术的嵌入有效提升了军事智能化、信息化、精准化，极大提升了军事战斗力，是军事变革的关键。

13.2　现代战争与物流信息化

13.2.1　现代战争的特点

当前，信息技术在军事领域已经广泛应用，正推动战争形态向信息化加速深化。许多国家都在通过军事物联网来保障资源的系统化、合理化利用，为构建现代化军事物流体系而努力。

信息化战争是诸军兵种一体化作战，战场空间广阔，作战手段多样，情况复杂多变，物资消耗巨大，保障范围扩大，因而需要有现代军事物联网来提供强有力的支撑。

近期发生的数次战争中，都表现出战斗节奏加快，部队机动范围广，需要物资装备的数量、种类都在急剧膨胀。相应地，为了减少后勤保障的巨大经济负担，各国军队的供应理念都在发生巨大的变革，都在寻求从超额库存保障转变到按需供应，从层次筹措供应转向承包商转包托运，从军种独立供应转变到跨军种甚至联军间、跨国别供应。

在新的战争形势下，部队更加迫切地面临着物流信息透明化、实时化的压力，必须在第一时间洞悉整个供应链上物资、装备的分布情况，及时对现状做出快速反应和动态调整。

13.2.2　全物流信息系统

第一次海湾战争后，美军为解决物资在请领、运输、分发等环节中存在的严重现实问题，给作战部队提供快速、准确的后勤保障，提出了全资产可视性计划，要实现后勤保障中资产的高度透明化，并在此后的数年间全面进行了开发与部署。

在第二次海湾战争中，美军依托综合性的物流信息网络、RFID、GPS 技术，优化规划了分布在数个国家的物联网供应链，实现对"人员流""装备流"和"物资流"的全程跟踪，并指挥和控制其接收、分发和调换，有效地克服了第一次海湾战争中常见的无谓开箱、反复发货、运送地点错误以及物资无人认领的现象。

动态军事物联网总体解决方案包括物联网业务终端、物联网业务平台、RFID 网络服务、RFID/GPS 现场传感系统、现场终端等。解决方案的总体思路是依托军用有线、无线数据网络，建立集中的物联网业务平台，实现物联网业务逻辑自动化及信息流动实时化。物联网业务平台通过电子数据交换等手段，连接分布在各地的仓库管理系统，以将分布的仓库集成为一个巨大的、扁平的、跨建制的虚拟仓库。将传统的逐级配送线路转变为信息畅通的扁平物联网网络，并在强大的计算能力的支持下，使供应人员能够从宏观到微观，对物资流通进行感知、控制和优化。

解决方案依托计算机的运算能力，帮助物联网决策人员指定最优物联网决策。通过优化算法引擎，以满足多点需求，降低物资超额储备，提高物联网资源利用率，压缩物联网决策时间为目标，可为规划人员提供最佳并行运输、装箱拆并、动态调拨、分布存储等方面的最佳方案。同时，方案还可以通过可配置的工作流来实现军队物联网制度与命令体系。解决方案依据作战部署动态地构建 RFID 传感网络，完成物联网规划的后续跟踪。系统用 RFID 传感网络实时感知抵达各地的车辆、物资和装备，并瞬间反馈到物联网业务系统；释放跟踪物联网所需要的人力，压缩人工作业时间；在 RFID 传感网络的帮助下，后勤部门可以做到对整个供应链的透明、实时、精确把握，并实施闭环跟踪控制。通过给军用物资贴上电子标签，并在沿途设置射频信息读取点，同时安装 RFID 感知设备，与整个军事物联网信息平台联网。当物资通过这些信息读取点时，系统就会以固定的 RFID 信息读取器从电子标签自动取得数据，实时传入在途物资管理系统的数据库，实现信息共享。各级指挥员可以实时取得正确的保障信息，并追踪、记录及定位物资在整个供应链中的移动。

美军实现了由储备式后勤到配送式后勤的转变。与第一次海湾战争相比，美军的海运量减少了 87%，空运量减少了 88.6%，战略支援装备动员量减少了 89%，战役物资储备量减少了 75%。这种新的运作模式，为美军节省了几十亿美元的开支。

13.2.3　物联网军事应用

1. 及时的侦察预警与准确的态势感知

战场侦察与感知能力直接影响军队战斗力。物联网有望在更高层次上推动实现及时的战场侦察、准确的态势感知与科学的效能评估，建立战场自动侦察、感知、预警、数据传输、指挥决策、火力控制的综合信息链，极大缩短从侦察到判断决策、采取行动、反馈评估、再次行动的时间，实现对武器装备、诸军兵种的有效控制和联合协同。这将是物联网在未来军事领域应用的主要方向之一。

今后，可利用无人机或火炮抛掷等方式，向重点目标地域大量布撒声、光、电、磁、震动、加速度等微型、可自组成网的综合传感器，形成战场侦察传感信息网，边侦察、边感知、边传输、边融合，实现对目标区域作战地形、军队部署、武器装备等的近距离、高分辨侦察感知，并及时将信息传回指控中心，与卫星、飞机、舰艇上的各类传感器有机融合，形成全方位、全频谱、全时域的全维情报侦察监视(ISR)体系，有效弥补卫星、雷达等远程侦察探测系统的不足，全面提升战场的联合感知能力，为未来战争带来新的"千里眼"和"顺风耳"。无线传感器及其网络密集、分布、廉价、冗余等诸多优点，使之非常适合在恶劣的战场环境和条件下应用。

2. 一体的军事网络与高效的军事指挥

物联网在军事领域的广泛应用将使传感网络的触角延伸至战场的各个角落，

推动实现战场上彼此独立的侦察网、通信网、指挥控制系统、火力网的综合集成，更好地将情报、侦察、监视、预警、通信、指挥、信息对抗等各种武器装备及平台连接成一体的网络系统。借助智能传感器和物联网技术，还可更好地实现与传统战场基础设施的融合，扩展军事网络和综合一体化的内涵。

物联网技术带来的一体化军事网络将极大拓展战场指挥官信息获取的广度、速度、深度，通过分布各处的传感器和网络，指挥官可随时获取所需的战场情报，准确感知战场态势，做出科学决策，并可通过互联的传感器和网络，将指挥官的指挥触角、指挥意图、指挥命令延伸或直接传递给一线的作战单元，使军事指挥更加灵活、高效。

3. 智能的武器装备与科学的装备管理

智能化武器装备将成为未来战场的主角。从物联网角度而言，智能化主要体现在三个方面：一是利用各种内嵌或外联的传感器和感知控制网络，实现对装备工作状况、性能水平的动态感知和实时分析，全过程、全寿命跟踪与监控装备使用、故障、维修、保养和报废等情况，实现对装备的科学管理；二是通过加装传感器，利用电子标签与鉴别、RFID 等技术，为装备构建统一的"身份证"，随时感知和掌握装备位置、分布、聚集、运动、完好率等情况；三是装备的战场生存将更加智能，依托传感器网络，随时感知己方坐标、战场态势、敌方威胁等信息，并及时做出响应，提高装备的战场生存性和安全性。

4. 精准的后勤保障

信息化战争和战场对后勤保障的要求更高、依赖更大，物联网为科学、精准的后勤保障提供了可能。这主要体现在以下几方面：

(1) 提高后勤保障工作的科学性。依托电子标签和物联网，实现对后勤保障物资筹划、生产、发放、配送、接收、储存等的智能感知与动态管控，实现保障对象位置变化、需求变化、状况变化等动态信息与物资器材数量、质量等静态信息的有机融合，及时修订调整保障计划和保障行动，实现保障力量和资源适时、适地、适量的科学调配与运用。

(2) 保证后勤保障物流体系高效运转。利用电子标签和物联网技术，建立军用物资在储、在运和在用状态的自动感知与智能控制信息系统，实现自动识别、快速定位、规范分类、顺畅收发、科学管理，实现从生产线、仓库到战场、单兵的全程动态监控。沃尔玛、麦当劳等大型国际连锁零售机构的物流体系和物联网系统对未来军事后勤保障体系的建设具有很好的参考借鉴作用。

(3) 提高战场维修时效性。通过各种内嵌的诊断传感芯片，可及时了解装备各部件的完好情况，并通过网络就近订购所需零部件，保障节点或基地提前做好准备，做到随到随修、随时供应。

(4) 实现实时伴随的卫勤保障。利用生物特征识别和物联网技术，建立以单兵生命电子监测为基础的卫勤保障信息链，对伤病员实施身份确认、精确定位和及时搜救，实现生命体征的动态监测和病历信息的追溯关联，有针对性地做好应急救援准备，科学调度卫勤力量与资源，全面提升卫勤保障能力。

(5) 提高后勤保障安全性。基于物联网的后勤保障体系将具备网络化、非线性等结构特征，具有很强的抗干扰、抗打击、抗破坏能力；此外，依托物联网技术，可以使后勤保障工作与整个信息化战场更好地融为一体，实现后勤保障与作战行动的一体化。

5. 灵敏的核生化威胁监测

战场上，利用散布在目标区域的众多核生化传感器组成的无线传感器网络，可有效避免核生化反应部队直接暴露于辐射或污染环境中。

依托纳米生物等先进传感器和芯片技术，研制高度灵敏的核化生武器监测预警系统，利用手持传感终端或在车辆、大型装备上嵌入的高灵敏度传感器，可在第一现场、第一时间自动侦察感知、实时动态监测可能存在的核生化威胁，以实现防核生化污染、防生物污染、防化学污染的"三防"预警。系统平时可配装于车站、地铁、码头、机场等人群密集的公共场所，随时应对出现的突发事件。

手持式传感器设备可改造为微小的传感器节点，部署在需要监测的环境中，形成可自主工作的无线传感器网络，它将可检测有毒气体的化学传感器和无线通信技术融于一体，传感器一旦检测到有害物质将立即报告控制中心。

13.3　物联网对军事行动的影响

13.3.1　国外最新发展

物联网的理念和先进信息技术迅速被世界各国运用于军队装备保障领域，对各种参战物资实行感知和控制，以满足现代战争对装备保障"快、准、精"等的要求。例如，美军已在多数装备物资中嵌入信息芯片，使用各类传感设备随时获取装备物资的相关信息，战时既能对装备物资的运用快速做出决策，快速实施分配，准确掌握各类物资的动、静状态，准确对物流过程进行实时监控，又能及时根据变化的情况和需求，在三军中实现物资保障一体化，发挥整体保障效益。美军这种"精确保障""精确物流"模式，就是成功运用物联网理念与技术的结果。其在军事领域的成功运用，给其他各国军队装备保障以很大启发和影响，同时也带动了世界各国军队装备物资保障的革新与建设，发展潜力正在日益凸显。

13.3.2 对战争的影响

物联网代表下一代信息网络的建设方向，必将对军事指挥、军事网络、军事后勤、军事装备等产生巨大的影响，对推动军队信息化建设、提高部队战斗力发挥巨大作用。

(1) 军事指挥更加高效。物联网扩大了指挥员信息获取的广度与深度。在陆、海、空、天、电各个领域，指挥员可通过传感器自动获取战场上各部(分)队的人员数量、携带武器装备数量和战斗力等信息，提高信息获取的实时性与快捷性，从而使指挥更加快速、灵活。通过大量互联的传感器，可有效延伸指挥员的指挥触角，使指挥活动由对人的指挥发展成为指挥员对武器装备的直接远程指挥。

(2) 军事网络更加集成。物联网在军事领域的广泛应用，使传感网络的触角延伸到战场的每个单兵和每件兵器，可将彼此独立的侦察网、通信网、指控系统、火力网等系统与网络进行一体化集成，也可将通信、感知、信息对抗等信息武器和武器平台建设成一体化的综合信息系统，而且该系统还可进一步渗透到战场的基础设施中，从而极大地扩展了网络集成的内涵。

(3) 军事后勤更加精确。通过在后勤物资上装入电子标签，使后勤物资可以实现从起点直达战斗部队的"一站式"供给，提高了物资请领、运输、接收、储存和发放的速度与准确度。同时，自动化的后勤网络平台可使保障对象位置变化、物资需求变化等动态信息与后勤物资的静态参数(数、质、时、空等)和动态参数(物资流通变化)实时关联，从而提高了修订保障计划与协调保障行动的及时性与准确性。

(4) 军事装备更加智能。一是武器装备的战场生存更加智能。武器装备通过大量传感器，可实时获取诸如己方坐标、战场态势、敌方威胁等各种战场信息，并对战场情况自动作出更加精确的反应，从而提高了武器装备的战场生存能力。二是武器装备的战场维修更加精确。通过各种内嵌的诊断传感芯片，操作员能及时了解武器装备各部件的完好情况，并通过网络向最近的装备维修点订购所需的具体零部件，装备保障点能够提前准备、随到随修。

13.3.3　未来的物联网

相比卫星和雷达等侦察探测系统，传感器网络的潜在优势主要体现在以下几个方面：

(1) 融合分布在不同位置的传感器传回的多角度、多方位信息，可有效提高信噪比，这是目前卫星和雷达等独立侦测系统难以克服的问题之一；此外，传感器与侦测目标间的近距离接触，可大大消除环境噪声对系统性能的不良影响。

(2) 分布在不同位置的多个传感器的共同作用，可实现对大面积区域的实时探测。

(3) 多种类型传感器的混合应用有助于提高探测效果，实现优势互补。

(4) 借助个别具有移动能力的节点对传感器网络拓扑结构的调整与补充，可有效消除探测盲点和阴影。

(5) 低成本的传感器网络、高冗余的设计原则，为整个系统提供了较强的容错能力和战场生存能力。

当然，未来的物联网比目前在用、在研的无线传感器网络在实时性、准确性、全面性等方面都将更先进、更完备，从而可更好地实现对战场态势的感知、预警、响应和控制。

无线传感器网络现已引起军事部门、工业界和学术界的高度关注，人们正在花大力气开展研究。以下是美军正在探索的、有关无线传感器技术与网络的一些技术方向：

(1) 智能微尘(Smart Dust)：这是一种智能的超微型传感器，由微处理器、双向无线通信模块、供电模块和软件等组成，通过传单、子弹或炮弹撒向战场的智能微尘可相互定位、连接成网、收集并向基站传递信息，密切监视态势发展。未来还将使之能在空中悬浮几小时，侦察探测效果会更好。

(2) 网络嵌入式系统技术：这是美国 DARPA 主导的一个研究项目，目标是建立一个包括 10~100 万个节点的可靠、实时、分布式网络，以显著提高战场态势感知能力。每个节点包括传感器、无线通信模块、处理模块等。

(3) 沙地直线(A Line in the Sand)：这是美国 DARPA 主持研发的一个无线传感器网络系统，旨在侦测运动的高金属含量目标，如坦克、装甲车等，并可探知声、光、温湿度和动植物、生物特征等信息。

(4) 灵巧传感器网络(Smart Sensor Web)：这是美国陆军提出的一个针对网络中心战需求的新型传感器网络。布设在战场上的众多传感器组成一个传感器矩阵，收集和过滤数据，并将重要的信息传至数据融合中心，中心用传回的信息，结合地理信息系统(GIS)，勾勒出一幅战场态势全景图，并将之分发给相关的参战人员，以便更好、更全面地感知战场态势。

(5) 无人值守地面传感器群：这是用于支持美国陆军获得"更广阔视野"的一个项目。

(6) 战场环境侦察与监视系统：这是美国陆军正在开发的一个智能化传感器网络项目，以期更详尽地探知特殊地形环境信息，系统由抛撒分布的微传感器网络、机载型与车载型侦察和探测设备等组成。

(7) 网状传感器系统：这是美国海军正在开发的一个无线传感器网络，以提高对目标的测量和定位精度。

(8) 先进布放式系统：这是美国海军计划用于未来反潜作战的一个新系统，将布设一个先进的水下传感器网络，以实现对敌潜艇快速准确的侦察与监视。

13.4　亟待解决的问题

目前，物联网在军事领域的应用尚处于起步、探索阶段，为实现推广应用，必须解决以下主要问题。

1. 标准规范问题

物联网是一个巨大的工程，需要标准的软硬件与传感器技术、统一的物体身份标识与编码系统、通用的数据接口与通信协议、互联互通的网络平台等，才能让遍布各个角落的物体接入网络，被整个系统识别、掌握和控制。各种协议、标准、接口、信号、数据如何统一，过去的物体、装备和系统如何经改造或升级后融入新的物联网，是一个漫长的过程，是限制物联网在军事领域得到广泛应用和不断发展的关键因素之一。标准化工作做不好，军用物联网将无法做大、做强。

2. 信息安全问题

如何防止军事机密信息被敌窃取、利用，保证物联网上的信息安全，是物联网在军事领域推广应用过程中需要突破的重大障碍之一。由于物联网中的众多物体是通过无线方式实现互联，众多信息是通过无线方式实现互通的，相比屏蔽的有线连接和传输方式更易被敌所用，因此必须有效解决安全通信等基础技术，物联网才有可能在军事领域得到广泛应用。

3. 资金成本问题

物联网在军事领域的推广应用需要嵌入、安装、铺设众多的传感器、无线通信与数据传输设备、网络等，需要开发先进的数据库和信息处理系统，因此需要大量军费的投入，在各方面成本一时还无法大幅度降低以及各方利益机制与运作模式尚未成熟、成型的背景下，物联网在军事领域的推广应用和发展速度将受到限制。

4. 使用管理问题

物联网技术在军事领域的推广应用将给装备使用和管理带来深刻变革，必须改变传统的、物与物之间比较孤立状况下的思路，以系统化、网络化、信息化、一体化的观念和方法来使用和管理依托物联网融为一体的各种装备，形成合力，实现倍增。

5. 人员使用问题

虽然目前在武器装备研制过程中都在尽力提高相对用户的透明性，努力提高人机之间的友好性，但随着物联网在军事领域的推广应用，将不可避免地引入众多新技术、新设备，这就需要广大部队指战员不断充实新知识、新理论、新技能，以适应物联网技术带来的新趋势、新挑战。

本 章 小 结

从目前的物联网发展来看，以物联网产业发展为重点的新兴产业培育与发展，已成为主要国家和地区振兴经济、把握未来经济发展命脉的重要途径。物联网发展热潮将继续高涨，成为下一阶段国内外竞相关注和争夺的战略焦点。而其在军事领域的推广应用，也将带来新的军事变革，将对装备和部队的建设、作战环境和样式的变化等产生重大影响。

然而，物联网在军事领域的应用尚处于起步和探索阶段，还有许多核心技术和关键问题需要解决，还需走过一段比较漫长的发展道路。

课 后 思 考

作业：查阅关于物联网的相关资料和书籍，把握其发展动态，加深理解。

要求：物联网是一门交叉学科，涉及计算机、通信技术、电子技术、测控技术等专业知识，所以要想深入了解物联网技术，这些领域的知识是必需的。

附录　英文缩略词中文对照

A

AFSATCOM(Air Force Satellite Communications System)　空军卫星通信系统

AEHF(Advanced Extremely High Frequency)　先进极高频

ADC(Analog to Digital Converter)　模拟数字转换器

API(Application Programming Interface)　应用程序接口

Ad Hoc　无线自组网

AM(Amplitude Modulation)　调幅

AI(Artificial Intelligence)　人工智能

AMF(Airborne Maritime Fixed)　机载、海事和固定

B

BDS(BeiDou Navigation Satellite System)　北斗卫星导航系统

C

C^2(Command Control)　指挥与控制

C^3(Command Control Communication)　指挥、控制与通信

C^3I(Command Control Communication Intelligence)　指挥、控制、通信与情报

C^4I(Command Control Communication Computer Intelligence)　指挥、控制、通信、计算机与情报

C^4ISR(Command Control Communication Computer Intelligence Surveillance Reconnaissance)　指挥、控制、通信、计算机、情报、侦察与监视系统

C^4KISR(Command Control Communication Computer Intelligence Kill Surveillance Reconnaissance)　指挥、控制、通信、计算机、情报、杀伤、侦察与监视指挥系统

CDL(Common Data Link)　通用数据链

CORBA(Common Object Request Broker Architecture)　　公共对象请求代理体系结构

COTS(Commercial Off The Shelf)　　商用现成品或技术

CRPA(Controlled Reception Pattern Antenna)　　可控接收方式天线

COE(Common Operating Environment)　　通用作战环境

COP(Common Operational Picture)　　通用作战图

CPU(Central Processing Unit)　　中央处理器

C/A(Coarse Acquisition)　　GPS 卫星发出的一种伪随机码,用于粗测距和捕获 GPS 卫星

D

DoDAF(Department of Defense Architecture Framework)　　美国国防部体系结构框架

DSCS(Defense Satellite Communications System)　　国防卫星通信系统

DSP(Digital Signal Processing)　　数字信号处理

DARPA(Defense Advanced Research Projects Agency)　　美国国防高级研究计划局

E

EDA(European Defense Agency)　　欧洲防务局

ESSOR(European Secure Software Defined Radio)　　欧洲保密软件电台

EE-mail(Enterprise E-mail)　　企业电子邮件

F

FLTSATCOM(FleeT Satellite Comunications)　　舰队卫星通信系统

FCS(Future Combat System)　　未来战斗系统

FM(Frequency Modulation)　　调频

FIST(Future Integrated Soldier Technology)　　未来士兵技术

G

GIG(Global Information Grid)　　全球信息栅格

GIG-BE(Global Information Grid-Bandwidth Expansion)　　全球信息栅格-带宽扩展

GPS(Global Positioning System)　　全球定位系统

GMFSCS(Ground Mobile Forces Satellite Communication System)　　地面机动部队卫星通信系统

GMR(Ground Mobile Radio)　　地面移动电台

GLONASS(Global Navigation Satellite System)　　全球卫星导航系统

GAL(Global Address List)　　全球地址列表

GIS(Geographic Information System)　　地理信息系统

5G(5th Generation Mobile Communication Technology)　　第五代移动通信技术

GRAM(GPS Receiver Applications Module)　　GPS 接收机应用组件

GNEC(Global Network Enterprise Construction)　　全球网络企业构架

G-STAR(GPS-Spatial Temporal Anti-jam Receiver)　　GPS 时间/空间抗干扰接收机

H

HTML(Hyper Text Markup Language)　　超文本标记语言

HF(High Frequency)　　高频

HMS(Handheld, Manpack, Small Form Fit)　　手持式、背负式、小型插件式电台

I

IP(Internet Protocol)　　互联网协议

IEEE(Institute of Electrical and Electronics Engineers)　　美国电气电子工程师学会

IaaS(Infrastructure as a Service)　　基础设施即服务

IT(Information Technology)　　信息技术

ITS(Intelligent Traffic System)　　智能交通系统

ISR(Intelligence Surveillance and Reconnaissance)　　情报侦察监视

J

JTRS(Joint Tactical Radio System)　　联合战术无线电系统

JTIDS(Joint Tactical Information Distribution System)　　联合战术信息分发系统

JAN-TE(Joint Airborne Network-Tactical Edge)　　联合机载战术边缘网络

JPO(Joint Program Office)　　联合计划局

JDAM(Joint Direct Attack Munitions)　　联合制导攻击武器

JIE(Joint Information Environment)　　联合信息环境

L

LAN(Local Area Network)　　局域网

LOCUST(Low Cost UAV Swarming Technology)　　低成本无人机群技术

LWN(Land War Net)　　地面作战网

M

MILSTAR(Military Strategic and Tactical Relay)　　军事星

MILSATCOM(Military Satellite Communication)　　美国军事卫星通信

MUOS(Mobile User Objective System)　　移动用户目标系统

M2M(Machine to Machine)　　物与物通信

MIDS(Multifunctional Information Distribution System)　　多功能信息分发系统

N

NCW(Network Centric Warfare)　　网络中心战

NCO(Network Centric Operations)　　网络中心行动

NASA(National Aeronautics and Space Administration)　　美国国家航空航天局

NCES(Net Centric Enterprise Services)　　网络中心企业服务

NoSQL(Not Only SQL)　　包含 SQL

NLU(Natural Language Understanding)　　自然语言理解

NIE(Network Integration Evaluation)　　网络综合评估

NIPRNET(Non Secure Internet Protocol Router Network)　　非保密互联网协议路由网络

NED(Network Enterprise Domain)　　网络企业域

P

PCI(Peripheral Component Interconnect)　　外设部件互连标准

PRC(Pseudo Random Code)　　伪随机码

PVT(Position Velocity Time)　　定位、测速和授时

PNT(Positioning Navigation and Timing)　　定位导航授时

PaaS(Platform as a Service)　　平台即服务

R

RF(Radio Frequency)　射频

RFID(Radio Frequency Identification)　　射频识别

S

SRW(Search and Retrieve via the Web)　　士兵无线电波形

SCA(Software Communications Architecture)　　软件通信结构

SNMP(Simple Network Management Protocol)　　简单网络管理协议

SQL(Structured Query Language)　　结构化查询语言

SaaS(Software as a Service)　　软件即服务

SAASM(Selective Availability Anti-Spoofing Module)　　选择可用性反欺骗模块

SA(Selective Availability)　　可用性选择

SDR(Software Defined Radio)　　软件定义无线电

T

TSAT(Transition Satellite Communication System)　　转型卫星通信系统

TCDL(Tactical Common Data Link)　　战术通用数据链

TRANSEC(Transmission Security)　　传输加密

U

UFO(Ultra High Frequency Follow-on)　　特高频后续星

UAV(Unmanned Aerial Vehicle)　　无人机

UHF(Ultra High Frequency)　　特高频

UHF SATCOM(Ultra High Frequency Satellite Communication)　　超高频卫星通信系统

V

VR(Virtual Reality)　　虚拟现实

VME(Virtual Machine Environment)　　虚拟机环境

VHF(Very High Frequency)　　甚高频

W

WIN-T(Warfighter Information Network-Tactical)　　作战人员战术信息网

WGS(Wideband Global Satellite)　　宽带全球卫星系统

WNW(Wideband Network Waveform)　　宽带网络波形

WGS-84(World Geodetic System-1984 Coordinate System)　　WGS84 坐标系

X

XML(eXtensible Markup Language)　　可扩展的标记语言

Z

ZigBee　　短距离无线通信技术

后　记

　　2015 年下半年，我开始承担讲授"指挥与通信系统"这门课程，在备课和编写教案的过程中，我的思想一直处于一种被震撼的状态。指挥与通信系统领域的发展之迅猛、创新之精巧时时触及我的灵魂，让我有与大家分享学习体会的冲动。

　　本书从筹划、汇编到成册历时近五年时间。在学校教研室的大力支持下，我梳理脉络、精选内容，并经几次修改，最终定稿。特别是部分内容的选定，与西安夏天的"烧烤"天一样，令人寝食难安，我的目的还是想较全面地展示外军通信装备与指挥的主线，从其成功的经验中寻找所有的积极因素。

　　由于篇幅所限，我在编写过程中尽量按照通信装备和指挥的主体逻辑进行，难以全面覆盖外军此领域的总体情况，恳请读者谅解。因水平和经验有限，本书可能还存在一些瑕疵，敬请读者批评指正。

参 考 文 献

[1] 赵国宏. 体系中心战：未来战争的顶层作战概念[J]. 指挥与控制学报，2021，7(3)：225-240.

[2] 余南平，严佳杰. 国际和国家安全视角下的美国"星链"计划及其影响[J]. 国际安全研究，2021，39(5)：67-91，158-159.

[3] 郑超，张冰. 美军装备互操作性试验鉴定机制与流程分析[J]. 中国电子科学研究院学报，2021，16(8)：827-833，838.

[4] 姜俊杰，黄雅屏. 美国国防科技创新体系研究[J]. 飞航导弹，2021(8)：73-77，96.

[5] 何源洁，张华鹏. 无人机数据链技术及发展[J]. 电子技术与软件工程，2021(16)：184-185.

[6] 姚鹏，王俊峰，杜吉庆. 卫星地面无线通信增强技术研究[J]. 江苏通信，2021，37(4)：67-68.

[7] 西北风. 从火力、组织到网络的变革：全域战概念与美国陆军新面貌[J]. 坦克装甲车辆，2021(15)：37-43.

[8] 李增华，蒋玉娇，臧雪珺，等. 美军数据建设发展路径研究[J]. 中国电子科学研究院学报，2021，16(7)：710-715，721.

[9] 陈志新，徐劢，高鑫，等. 美军联合全域指挥控制研究与启示[C]. 中国指挥与控制学会. 第九届中国指挥控制大会论文集. 中国指挥与控制学会，2021：144-149.

[10] 吴明曦. 智能化战争时代正在加速到来[J]. 人民论坛·学术前沿，2021(10)：35-55.

[11] 洪源. 未来战争的新形态及其影响因素分析[J]. 人民论坛·学术前沿，2021(10)：78-88.

[12] 肖鹏，王岩，于海霞. 一种网络中心战数据传输效率度量方法[J]. 雷达与对抗，2021，41(2)：15-18.

[13] 刘东青，孙陈刚，任喜珂，等. 对美军典型战术数据链信号的侦察分析方法[J]. 雷达与对抗，2021，41(2)：19-22，47.

[14] 段晓稳，潘积远，杜利刚，等. 美军数据链装备建设运用现状与发展趋势分析[J]. 现代导航，2021，12(3)：217-220，226.

[15] 姚峰. 美国国务院国际战略评估研究[D]. 北京：外交学院，2021.

[16] 叶磊. 浅谈美国卫星通信系统军民融合现状及前景[J]. 数字技术与应用，2021，39(5)：22-24.

[17] 崔潇潇，钟江山，赵炜渝，等. 美国"先进极高频"军用通信卫星系统现状及其应用[J]. 国际太空，2021(5)：48-52.

[18] 李陆，郭莉丽，王克克. "星链"星座的军事应用分析[J]. 中国航天，2021(5)：37-40.

[19] 王全平，刘欣，衣春轮，等. 国外新型低轨卫星星座发展及其潜在军事应用研究[J]. 战术导弹技术，2021(3)：67-74.

[20] 袁荣亮. 美国军事电子信息领域战略规划发布及实施情况研究[J]. 中国电子科学研究院学报，2021，16(4)：329-332，337.

[21] 陈银娣，郑惠文. 美国国防部正在大力研发反无人机系统[J]. 中国航天，2021(4)：58-61.

[22] 康大明，李宗璞. 从历史的角度管窥未来无人机空中作战[J]. 军事文摘，2021(7)：36-41.

[23] 刘伟，王寿鹏. 美军无人化保障装备体系研究[J]. 舰船电子工程，2021，41(3)：1-4，23.

[24] 张云峰. 物联网技术在军事领域中的应用分析[J]. 网络安全技术与应用，2021(3)：127-129.

[25] 刘刚，毛云飞，李福才，等. 战术数据链大数据应用体系构建[J]. 指挥与控制学报，2021，7(1)：61-64.

[26] 余福荣，张艳，蒋雪，等. 武器协同数据链发展趋势及关键技术[J]. 火力与指挥控制，2021，46(3)：179-185.

[27] 孙璞. 美国国防部加强反无人机应对能力的动向分析与启示[J]. 网信军民融合，2021(2)：26-28.

[28] 陈千，孙琳，李婷，等. 美军卫勤体系建设启示[J]. 解放军医院管理杂志，2021，28(2)：198-200.

[29] 李成刚. 冷战结束后的局部战争：海湾战争(下)[J]. 军事史林，2021(2)：17-29.

[30] 卢鋆，张弓，宿晨庚. 世界卫星导航系统的最新进展和趋势特点分析[J]. 卫

星应用，2021(2)：32-40.

[31] 李硕，方芳，李祯静，等. 美军联合全域指挥控制发展浅析[J]. 中国电子科学研究院学报，2021，16(2)：197-202.

[32] 刘亭. 战术数据链体系贡献率评估方法研究[J]. 中国电子科学研究院学报，2021，16(2)：189-191，196.

[33] 陈云雷，李向龙，王鑫鑫. 美国卫星互联网军事应用趋势及其影响研究[J]. 飞航导弹，2021(2)：82-87.

[34] 齐瑞福，陈春花. 美国科技创新政策新动向与我国科技发展战略新机遇[J]. 科技管理研究，2021，41(3)：16-25.

[35] 李成刚. 冷战结束后的局部战争：海湾战争(上)[J]. 军事史林，2021，58(1)：44-66.

[36] 谢军，张建军，武向军. 大数据时代"北斗"卫星导航系统发展研究[J]. 中国航天，2021(1)：8-19.

[37] 严剑峰. 美军在武器装备采办领域推行军民协同发展的主要做法及启示(上)[J]. 军民两用技术与产品，2021(1)：8-15.

[38] 杨小川，毛仲君，姜久龙，等. 美国作战概念与武器装备发展历程及趋势分析[J]. 飞航导弹，2021(2)：88-93，98.

[39] 秦世越，冯占林. 美国军事电子信息系统数据建设的发展及启示[J]. 兵工自动化，2021，40(1)：22-26，42.

[40] 吴鑫辉，邹雨，郑锐. 网电空间作战发展及对海上作战影响分析[J]. 网络安全技术与应用，2020(12)：173-175.

[41] 于永学，王玉珏，解嘉宇，等. 美军联合战术无线电系统的发展现状及应用[C]. 中国指挥与控制学会(Chinese Institute of Command and Control). 第八届中国指挥控制大会论文集. 中国指挥与控制学会(Chinese Institute of Command and Control)：中国指挥与控制学会，2020：259-262.

[42] 刘烈孟，沈建京. 美军网络空间作战指挥控制关系及分析[C]. 中国指挥与控制学会(Chinese Institute of Command and Control). 第八届中国指挥控制大会论文集. 中国指挥与控制学会(Chinese Institute of Command and Control)：中国指挥与控制学会，2020：733-737.

[43] 董豪豪，焦春生，王亮. 美军军事通信卫星体系发展趋势及启示建议[J]. 国防科技，2020，41(4)：23-29.

[44] 常壮，刘涛，夏兴宇. 美军电磁频谱战发展探究[J]. 军事文摘，2020(13)：52-56.

[45] 尤嵩菀，王文龙. 美俄军事智能化发展及启示[J]. 海军工程大学学报(综合版)，2020，17(2)：64-69.

[46] 张盼华，张伟涛. 军事战术数据链信息传输技术研究[J]. 火力与指挥控制，2020，45(3)：167-170.

[47] 王海涛，刘力军，向婷婷. 外军单兵作战系统概述[J]. 电子信息对抗技术，2020，35(3)：54-58.

[48] Major. 杀死"佐勒菲卡尔"的致命链条：从苏莱曼尼被杀谈美国军事打击链条的前沿技术[J]. 坦克装甲车辆，2020(4)：23-29.

[49] 谷浩，张芳，胡尧. 网电攻击：舒特系统能力分析及对策[J]. 飞航导弹，2020(2)：22-25.

[50] 雷少华，李卓. 对美国战略评估的再思考：理论与方法[J].国际论坛，2020，22(1)：3-19，156.

[51] 李亚锋，陈赤联，胡军锋. 数据链 2.0：武联网概述[C]. 中国指挥与控制学会. 2019 第七届中国指挥控制大会论文集. 中国指挥与控制学会：中国指挥与控制学会，2019：80-87.

[52] 黄大庆，韩伟，徐诚. 美国军用通信网络[J]. 遥测遥控，2016，37(6)：18-27.

[53] 张帅，刘沃野，张振石. 国内外预算项目库制度建设的特点及对我军的启示[J]. 经济研究导刊，2011(28)：14-16.